U0173645

基于复杂适应系统理论的特色小镇空间发展研究

李娜 著

中国建筑工业出版社

图书在版编目（CIP）数据

基于复杂适应系统理论的特色小镇空间发展研究 /
李娜著. —北京：中国建筑工业出版社，2020.4
ISBN 978-7-112-24943-5

Ⅰ.①基… Ⅱ.①李… Ⅲ.①小城镇—城市空间—空
间规划—研究—中国 Ⅳ.① TU984.2

中国版本图书馆 CIP 数据核字（2020）第 037970 号

本书基于复杂适应系统理论指导，从多维度探讨特色小镇产业发展、文化遗产、生态环境与空间发展之间的相互作用
及协同机制，为特色小镇建设提供了新的视角。

本书共8章，包括绪论，特色小镇空间发展问题解析，CAS理论视角特色小镇空间发展系统构建，特色小镇产业聚集性
空间发展系统分析，特色小镇文化多样性空间发展系统分析，特色小镇生态非线性空间发展系统分析，CAS理论视角丁蜀镇
特色小镇空间发展实施策略，结论与展望。

本书可供小镇建设规划设计部门、镇村工作人员参考，也可供大专院校相关专业师生参考使用。

责任编辑：万　李
责任校对：刘梦然

基于复杂适应系统理论的特色小镇空间发展研究

李娜　著

*

中国建筑工业出版社出版、发行（北京海淀三里河路9号）

各地新华书店、建筑书店经销

北京光大印艺文化发展有限公司制版

北京建筑工业印刷厂印刷

*

开本：787×1092毫米　1/16　印张：12¼　字数：260千字

2020年4月第一版　　2020年4月第一次印刷

定价：50.00元

ISBN 978-7-112-24943-5

（35681）

序

从世界范围来看，特色小镇是城镇化发展的重要环节，也是影响城镇化发展质量的重要因素。我国特色小镇正处在一个蓬勃发展的新阶段，也面临着方方面面的矛盾与问题，引入复杂适应系统对于研究特色小镇的空间发展具有重要意义。

《基于复杂适应系统理论的特色小镇空间发展研究》一书，基于复杂适应系统理论视角，将特色小镇作为一个复杂系统进行研究，利用系统学的特性、机制，构筑了特色小镇空间发展理论架构。详细研究了产业发展、文化遗产、生态环境与空间发展系统间的作用以及协同机制，构筑了产业聚集性、文化多样性、生态非线性空间发展系统体系，为空间发展研究提供了系统学视角的理论支撑。同时，该书基于充分调研、分析京津冀、长三角等区域特色小镇存在问题的基础上，结合大量案例，将特色小镇空间发展的理论与实践相结合，对于具体项目的实践操作具有一定的指导意义。

前　言

　　近年来，受国家及地方政策的影响，各地对于特色小镇的探索如火如茶。特色小镇发展已经成为城乡统筹的重要环节与抓手，其空间发展亦呈现多样化态势。然而，由于部分特色小镇在未经充分论证基础上匆匆上马而出现诸多问题，集中表现为特色小镇千镇一面，产业发展趋同，文化传承遗失，生态环境破坏严重等，而这些问题均与空间载体的发展存在着或多或少的关联。国内外专家、学者将复杂适应系统理论作为解决城市问题的研究基础并取得了一定成果，为特色小镇空间发展研究提供了新的思路与方法。运用复杂适应系统理论，从多维角度探讨特色小镇空间发展成为值得研究的重要课题。

　　本书在充分调研、分析京津冀、长三角等区域特色小镇存在问题的基础上，将复杂适应系统理论作为特色小镇空间发展研究的理论支撑，运用实地调研、系统分析、空间分析等综合方法，以"现状调研—理论研究—系统构建—实证分析"为技术路线展开研究。

　　本书主要分五部分内容：第一部分基础研究，通过国内外研究综述，总结国内外在复杂适应系统特色小镇空间发展方面的相关研究。通过横向比较、纵向分析的方法，研究了经济合作与发展组织成员国（以下简称OECD国家）与我国特色小镇的发展情况及差异比较，分析了我国特色小镇空间发展存在的问题，引入复杂适应系统理论研究的新视角。

　　第二部分系统构建，对复杂适应系统理论内涵、复杂性特征、复杂性演化进行理论研究。通过比较分析我国第一、二批特色小镇，结合实际项目进行实地调研，提炼总结了影响特色小镇空间发展的主要子系统——产业发展、文化遗产、生态环境，构建了基于复杂适应系统理论的特色小镇空间发展系统架构，总体指导后续研究。

　　第三部分系统研究，依据上述章节构建的特色小镇空间发展复杂适应系统体系，分别研究了产业聚集性空间发展系统、文化多样性空间发展系统、生态非线性空间发展系统。分析各系统的影响要素，探究空间发展与产业发展、文化遗产、生态环境子系统间的相互作用及协同机制，基于此构建了产业聚集性、文化多样性、生态非线性空间发展系统体系，并选取典型案例进行实证研究。

第四部分实施策略，以丁蜀镇特色小镇为例，从复杂适应系统理论视角，基于产业聚集性、文化多样性、生态非线性空间发展系统体系，研究了特色小镇"生成论"与"构成论"融合的空间发展实施策略。

第五部分结论与展望，依据复杂适应系统理论对之前部分构建的空间发展系统体系提出判断依据，总结研究成果，提出展望。

本书基于复杂适应系统理论（CAS）的研究，构筑了特色小镇空间发展理论架构，分析了产业发展、文化遗产、生态环境与空间发展系统间作用及协同机制，构建了产业聚集性、文化多样性、生态非线性空间发展系统体系，为空间发展提供了系统学视角的理论支撑，丰富了相关理论研究，提供了实践指导。

目 录
Contents

▶▷ **第1章 绪 论**

1.1 研究背景及意义

根据国家统计局数据,截至2017年底,我国百万人口的大城市达到161座,预计2025年将达到221座[1]。这些大城市作为区域核心,对区域经济、文化、科技等发展具有不可或缺的重要作用。与此同时,大城市周边分布大量特色小镇1,这些小镇大多具备一定与大城市相呼应的产业基础,文化底蕴深厚,生态环境相对良好,是构筑城市群不可或缺的活力因子,也是新型城镇化发展的重要组成部分。然而实践中,特色小镇发展却不尽人意,部分小镇盲目学习城市发展的经验而导致特色丧失,空间发展不均衡现象明显,在理论研究方面亦存在较大不足。集中体现为:研究内容上多以政策研究为主着重于介绍不同类型的小镇,重描述轻分析,难以解释特色小镇发展的动态过程;理论基础的研究相对匮乏,对其系统发展的复杂性认知较少,缺少宏观现象与规律间的理论与方法的指导机制;在研究方法上多以案例研究为主,缺少系统性的科学方法。

1.1.1 研究背景

(1)我国特色小镇面临重大机遇但发展质量亟待提升

我国城镇化水平已从1978年的17.9%发展到2017年末的58.52%[2]。改革开放40年的

---

1 特色小镇详见1.3.2。

时间里,城镇化使得6亿～8亿农民从乡村转移到城市。随着城镇化过程的推进,一方面,我国城市在快速发展的同时出现了交通堵塞、房价高涨、环境恶化等现象;另一方面,即便在经济相对发达的京津冀地区,如北京周边部分小镇,也存在经济水平低、人口流失、生态环境保护不容乐观的现象。为了解决北京市交通拥堵、雾霾天气等问题,国家提出了京津冀一体化的发展战略,旨在疏解北京人口,推动京津冀地区的一体化发展,带动区域经济的整体良性运转。与之相对应,北京周边出现若干集居住、生产、研发、科教等复合功能为一体的特色小镇。例如,北京南侧永清附近正在筹建高铁小镇,东侧的大厂则在打造机器人小镇。在这一背景下,城市周边的特色小镇发展面临重大机遇。国务院参事仇保兴认为,"特色小镇必须产生足够的反磁力,对于疏解城市之困起到重要作用"[3]。

自2015年浙江省提出特色小镇相关概念后,相关部委不断发文从政策等方面予以支持,国内掀起了一股特色小镇的建设热潮。然而,由于部分特色小镇急于发展,往往跟风效仿较为成功小镇的经验,从而出现诸如产业发展类似、文化传承雷同、生态环境缺失等问题,忽视小镇本身空间发展的适应性,使得小镇特色全无,甚至成为"死亡小镇",部分小镇被列为黑名单。特色小镇空间如何良性发展成为重要的研究课题。

（2）与OECD[1]国家相比较,我国特色小镇发展水平相对落后

城镇化过程表明,特色小镇在区域位置、人口规模、功能定位上区别于城市与乡村,是联系城市与乡村的重要纽带,是城镇化发展的重要载体。OECD国家的小镇一般具有单独的行政区划,并形成相对完善的经济体系。历经上百年的发展,市场经济国家的小镇通常基础配套设施齐全,自然环境良好,并与城市具有良好的互补关系。

我国特色小镇与OECD国家存在较大的差异,虽然是城镇体系的重要组成部分,但总体发展水平较低。突出表现在教育、医疗设施匮乏,基础设施不完善,对外交通或者镇区内交通设施不便捷,空间环境发展相对滞后,产业发展、遗产保护、生态环境均存在较大问题,难以构建宜居、宜业的特色小镇空间。

我国特色小镇的发展既要学习、吸收OECD国家发展的成熟经验,又要结合区域特色,以空间载体发展为基础,塑造因地制宜、因产制宜、因人制宜的特色小镇。

（3）复杂适应系统理论提供特色小镇空间良性发展的新视角

系统科学的发展,为城市规划学研究提供了新的理论视角。第一代系统论（"老三论"）——控制论、信息论、一般系统论;第二代系统论（"新三论"）——耗散结构论、突变论、协同论;第三代系统论——复杂适应系统理论,其中复杂适应系统（Complex Adaptive

---

1　OECD（Organization for Economic Co-operation and Development,简称为OECD）:经济合作与发展组织,前身是欧洲经济合作组织,由36个市场经济国家组成的政府间国际经济组织。1961年成立,总部在巴黎。旨在应对全球化带来的经济、社会和政府治理等方面的挑战,并把握全球化发展带来的机遇。

System，简称CAS）理论[1]是最新的系统科学[4]。复杂系统中隐含秩序，系统中成员主动学习、适应环境，相互间复杂作用驱动整个系统演进，形成复杂系统的隐秩序[5]。复杂适应系统理论认为复杂事物从最小的、简单的事物发展而来，特色小镇具有复杂适应系统的一般特征，从小到大、从简单到复杂[6]。

特色小镇具有复杂特性与机制，是一个复杂适应系统[2]。复杂适应系统理论进入城镇研究领域后，为我们提供了研究城镇发展运行的新视角。部分学者、规划设计者对其进行理论与实践的研究，开始逐步认同城镇发展的自组织规律与城镇规划共同作用于城镇发展中。部分学者从复杂适应理论视角，对于当前城市发展的评估体系等方面作出了相应研究，为系统学视角解决特色小镇空间发展复杂性问题，提供了诸多借鉴。

综上所述，特色小镇发展受国家及地方政策的影响，已经成为城乡一体化发展的重要环节。然而，我国特色小镇发展与OECD国家仍存在差距，发展过程中出现了诸多问题。空间发展作为特色小镇的物质载体，是小镇产业发展、文化遗产、生态环境等若干发展要素的基础与平台。复杂适应系统理论是解决系统科学问题的有效方法，为空间发展提供了多维视角，运用该理论探究特色小镇空间发展成为值得研究的重要课题。

1.1.2 研究意义

城镇化历史规律表明，在城镇化水平达到50%以后，社会将进入高速发展时期，特色小镇的建设将对城镇化的良性发展起着重要作用。然而，目前特色小镇建设中政府主导的"自上而下"建设模式，忽略了特色小镇发展的基本规律，导致了诸多问题的出现。而复杂适应系统理论为我们提供了全新的视角，去认知"自下而上"发展的动力机制，寻求两者同向发展的模式，对于特色小镇发展具有重要意义。特色小镇空间发展是产业发展、文化遗产保护、生态环境可持续的物质载体，成为主要的研究对象。

（1）理论意义：CAS视角分析小镇空间发展的复杂适应性与复杂系统演化，提取影响空间发展的重要子系统——产业发展、文化遗产、生态环境并分析其特性，构建特色小镇空间发展的系统框架。将复杂适应系统理论从城市拓展到特色小镇，丰富了特色小镇发展的相关理论研究。分析子系统间作用及协同机制，构建特色小镇产业聚集性、文化多样性、生态非线性空间发展系统架构，为特色小镇空间发展的复杂性研究提供了理论支撑。

（2）实践意义：构建特色小镇空间发展系统框架，从多个视角认识空间发展，指导小镇建设。基于产业、文化、生态特色的挖掘，充分认识到作为特色要素发展的承载体——空间

---

1 复杂适应系统（CAS）理论相关概念详见1.3.1。
2 具体基本点详见3.1.1。

发展,对各关键要素起着重要作用。产业发展、文化遗产、生态环境落实到空间发展的载体上,相互间的作用及协同机制对于小镇特色化发展尤为重要,为我国特色小镇建设提供了可参考的发展路径。通过复杂适应系统视角特色小镇产业聚集性、文化多样性、生态非线性空间发展系统构建,并结合实际项目系统分析实施策略,为空间发展提供实践指导。

1.2 研究对象及范围

1.2.1 研究对象

以特色小镇空间发展为研究对象,通过CAS视角分析特色小镇的空间发展与产业发展、文化遗产、生态环境子系统的作用及协同机制,构建产业聚集性、文化多样性、生态非线性的空间发展体系,并通过实际项目分析,总结特色小镇空间发展的实施策略。

1.2.2 研究范围

(1)从区域范围来讲。住房和城乡建设部评定了第一、二批全国特色小镇,从数量来看,主要集中在浙江、山东、江苏、北京、上海等地,本书主要选取数量众多、较为集中的京津冀、长三角等地的特色小镇,开展实地调查研究,探究其空间发展影响要素、作用机制及实施策略。

(2)从理论范围来讲。复杂适应系统理论作为第三代系统论,系统主要具有复杂性、多样性、适应性、非线性及动态变化等特点,具体到特色小镇主要从开放性、自组织、聚集性、多样性、互补性、协同性、共生性、超规模效应、微循环、自适应、协同涌现等方面来辨别特色小镇的优良[7]。本书选取影响空间发展的要素,从复杂适应系统理论视角研究空间发展与子系统间的作用及协同机制,构建产业聚集性、文化多样性、生态非线性空间发展系统。

除了产业发展、文化遗产、生态环境等要素外,空间发展同时受到基础设施(交通、市政等)、公共配套(教育、医疗等)等要素的影响与作用。依照CAS理论,可以将上述因素作为空间发展的子系统,不在本书研究范围之内。

1.3 相关概念界定

1.3.1 复杂适应系统理论(CAS)

复杂适应系统(CAS)理论于1994年由圣菲研究所(Santa Fe Institutes, SFI)约翰·H·

霍兰（J·H·Holland）教授提出。该理论认为："系统中的成员具备动态可变化的特性，能够与系统中其他成员相互作用，适应周围环境以及其他成员的特性，并持续改变自身的体系、构成等，最终演化为新的系统。"[8]特色小镇是一个复杂适应系统，产业发展、文化遗产、生态环境是其关键性影响因素，与空间发生不断演化，形成不同层级间的相互作用。一方面，因上述要素而影响小镇空间组织的形成，带来空间肌理的改变，并最终形成新的空间载体；另一方面，复合性、优良性空间结构为上述要素发展提供保障，并促进上述要素的良性发展。系统间不断协调与修正，促进特色小镇系统有序与无序的统一。

1.3.2 特色小镇

浙江省提出："特色小镇非镇非区的概念，独立于市区，具有明确产业定位、文化内涵、旅游、社区功能的发展空间平台，规划面积在3平方公里左右"[9]。

2016年7月，三部委也提出，"在全国范围内开展特色小城镇培育工作，原则上为建制镇，优先选择全国重点镇培育"[10]。

2016年10月，国家发展改革委指出："特色小（城）镇包括特色小镇、小城镇两种形态。特色小镇指聚焦特色产业和新兴产业，集聚发展要素。特色小城镇以行政区划为单元，特色产业鲜明、具有一定人口和经济规模的建制镇。"[11]

由上述三组定义来看，虽然各地区、各管理部门对于特色小镇的定义、范畴略有差异，但对于城镇空间与产业发展、文化融合、生态保护等因素密切结合的阐述是一致的。所以，笔者认为不必过多拘泥于特色小镇的范畴，当前我国由高速度向高质量发展时期，特色小镇更多的是指产业、文化、生态融合在一起，对我国经济转型具有一定支撑作用的特色空间。同时，我国幅员辽阔，东、西部发展差距较大，特色小镇由于所处区域不同，其经济发展水平、发展机遇均存在较大差异，应采取不同策略分别研究，不能简单的一概而论。因此，特色小镇是一个较为宽泛的概念，既包括特色鲜明的建制镇，也包括具备一定产业功能、生态保持良好、人文氛围浓厚的特色空间。

1.3.3 空间发展

目前学者研究主要基于同心圆理论、扇形理论、多核心理论等，从城市规划、地理学、经济学等学科视角总结出三地带、城市地域理想机构、区域城市、大都市结构等空间发展模式[12]。对于空间发展的概念主要定义为："在内外发展动力下，空间的演化与推进，包含平面用地规模的扩大，垂直上下的伸展，空间要素的增殖，空间结构的形成转化。地域上的整体性发展，功能上的综合性发展，动力上的内生性发展。"[13]本书所指的空间是指以土地要素合理利用为基础的，交通等基础设施的建设、建筑物的构筑、绿化水体景观的维护等，是指特色小镇产业发展、文化遗产、生态环境等诸多要素的物质载体。空间发展与上述诸多要素存在若干联系与相互作用,并作为关键要素最终构成特色小镇发展的基础。

1.4　国内外研究综述

1.4.1　国内外复杂适应系统理论相关研究

（1）国外复杂适应系统理论相关研究

20世纪50年代的控制论、信息论、一般系统论被称为"老三论"。1948年,美国维纳发表《控制论:或关于动物和机器中控制与通讯的科学》[14]诞生控制论;1948年,美国克劳德·香农发表《通信的数学理论》[15]论文,奠定了信息论基础;1968年,美国贝塔朗菲出版《一般系统论——基础、发展与应用》[16]一书,学术界简称为一般系统论。20世纪60年代的耗散结构论、突变论、协同学被称为"新三论"。1969年,比利时伊里亚·普里戈金提出耗散结构理论[17];1972年,法国勒内·托姆在《结构稳定性和形态发生学》[18]中提出突变论;1976年,德国哈默·哈肯提出协同学。20世纪90年代出现了第三代系统理论,1994年,美国科学家霍兰在圣菲所成立10周年时正式提出复杂适应系统理论（Complex Adaptive System, CAS）。

对于复杂适应系统理论的研究主要以霍兰及圣菲所为代表,学者们进行了相应的研究。美国的约翰·H·霍兰教授在《隐秩序—适应性造就复杂性》[19]书中,从基本元素入手详细分析了复杂适应系统的7个基本特点（CAS通用的4个特性和3个机制）,这7个基本点相互作用,通过回声模型的计算机模拟,分析了主体适应性、回声导致的涌现、理论的产生以及普适性。此书堪称里程碑式杰作,为笔者学习系统主体演化、适应、聚集、竞争、协作及多样性提供了理论基础,系统中具体角色详见图1-1。《涌现—从混沌到有序》[20]书中,霍兰教授进一步研究复杂适应系统理论,深入探索涌现现象,研究复杂系统运动理论规律的新进展,为我们揭示了涌现的体现与本质,涌现的研究方法,涌现的研究经验及要点以及涌现的未来。在圣塔菲研究所,大量学者进行了相关领域的研究,米歇尔·沃尔德罗出版了《复杂:诞生于秩序与混沌边缘的科学》[21],从中可以详细了解到圣塔菲研究所关于复杂性科学研究的故事。美国梅拉尼·米歇尔的《复杂》一书,研究范围涵盖了人工智能、机器学习、生物启发计算、认知科学和复杂系统[22],使我们熟悉复杂性、复杂性科学的过去和未来。英国的杰弗里·韦斯特出版的《规模:复杂世界的简单法则》书中研究了何为"规模法则"——任何复杂事物的内生逻辑关系,受到规模大小制约,与其规模呈一定比例关系[23]。这一算法框架为本书提供了可量化的简单法则,对于复杂世界的可量化、可预测获得较为

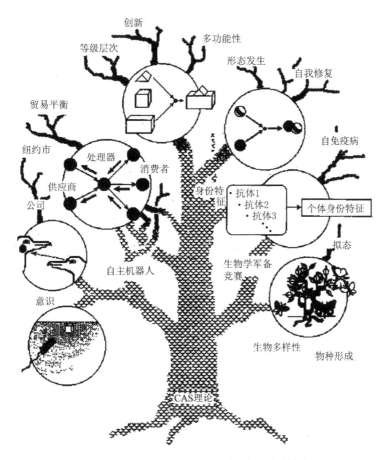

图1-1 复杂适应系统研究中7个基本点所承担的角色

资料来源：[美] 约翰·H·霍兰著. 隐秩序——适应性造就复杂性[M]. 周晓牧, 韩晖, 译. 上海: 世纪出版集团上海科技教育出版社, 2011: 39.

直观的知识。被称为"网络文化"的发言人—凯文·凯利（美国），发表了被称为KK三部曲的《失控》+《科技想要什么》+《必然》。《失控》中总结了造物九律对自下而上的控制，对模块化生长作了深入研究，研究了社会组织、经济体的组织、演化，指出人造物与自然生命体间的两种存在趋势——人造物的生命体表现及生命的工程化[24]。《科技想要什么》书中研究了人嵌入了技术这一复杂的无机生命体如何与生命一样具有复杂性和自适应性，生命的意识从混沌网络中涌现出来，明确提出: 科技本身就是一个生命体[25]。《必然》一书在前两部著作的基础上，对十二种必然的科技力量（形成、知化、流动、屏读、使用、共享、过滤、重混、互动、追踪、提问、开始）进行详细研究，启发未来三十年科技趋势如何形成合力，指引我们前进的方向[26]。美国玛丽娜·阿尔贝蒂在《城市生态学新发展——城市生态系统中人类与生态过程的一体化整合》[27]中分析了城市生态系统的复杂性、涌现性和自组织性，强调了人类与生态系统的影响作用机制，提出了人类——生态耦合系统的整体性观点，为我们揭示了城市生态系统的一体化发展过程及未来发展。英国斯蒂芬·马歇尔在《城市·设计与演变》[28]中解析城市秩序，城市出现与演变，城市规划、设计与演变，从中学习城市自组织发展到规划、设计、演变的过程，现代主义进化思想认知城市进化的观点。英国马特·里德利《自下而上》[29]一书从宇宙、道德、生命、基因、文化、经济等多方面为我们揭示了复杂性演变。法国思想家莫兰从辩证法和隐喻特征为本书研究复杂性提供了方法借鉴。美国雷歇尔从哲学角度提出了复杂性概念。

从上述理论研究来看，国外学者对于复杂适应系统理论的研究相对较早，主要从理论内涵、特性、量化、网络化等多角度阐释了复杂适应系统理论，并在数学、物理、生物、计算机、经济、城市等多学科领域进行了研究与应用，推动人们深入研究复杂系统行为的规律。

（2）国内复杂适应系统理论相关研究

我国学者于20世纪80年代，开始从事复杂适应系统理论相关的研究。钱学森教授率先提出从系统本质出发进行分类的新方法，根据组成系统的各子系统及子系统种类、复杂关联性，将系统分为简单系统和巨系统，并于1989年首次公布"开放的复杂巨系统"这一新的科学观点[30]。复杂巨系统具有：开放性、复杂性、进化和涌现性、层次性。在《再谈开放的复杂巨系统》中，钱学森教授讲到，"什么是开放的复杂巨系统，建立开放的复杂巨系统理论，要有正确的指导思想，要用思维科学的成果"[31]。1990年，《一个科学新领域——开放的复杂巨系统及其方法论》出版，书中提到"以开放的复杂巨系统观点和思维科学观点解释哲学界的主体、客体、思维、意识等争议问题，具有重大意义"[32]。将博弈论与系统科学结合研究军事对阵模拟，提出定性到定量的复杂系统研究方法，并在我国国防、计算机、生物、规划等领域取得了卓越的研究成果。钱学森教授为复杂适应系统理论的研究作出了重要贡献，为后续学者进行相应研究打下了坚实基础。王贵友教授编著的《从混沌到有序——协同学简介》[33]一书从哈肯的协同学切入，结合我们日常生活中的现象，从中可以学习系统的演化、协同作用、有序到混沌。吴彤教授在《自组织方法论研究》[34]中通过自组织条件方法论、动力学方法论、演化途径方法论、结合发展方法论、复杂化方法论、演化过程和图景方法论构建了综合的自组织方法论，为论文研究自组织理论提供了良好的借鉴。颜泽贤、陈忠、胡皓主编的《复杂系统演化论》[35]对复杂系统及其演化问题进行初步探讨，建构了研究的理论框架，运用学科交叉、综合理论、中介性介质对复杂系统演化概念、过程、原理及哲学问题进行了深入的研究与探讨。多学科的研究成为本书的重要借鉴之处。魏宏森、曾国屏的《系统论——系统科学哲学》[36]立足于复杂系统科学理论，探索了系统科学的来源，考察了系统的基本特征，提出了系统论体系。哲学对于系统论的研究至关重要，黄欣荣教授长期从事科技哲学、复杂性经济学和复杂性管理研究，发表了60余篇论文，早期的文章如：《论芒福德的技术哲学》[37]、《圣菲研究所一种科研新体制》[38]、《复杂性研究的若干方法论原则》[39]等较早的介入复杂性科学研究。黄欣荣教授完成了题为《复杂性科学的方法论研究》[40]的博士论文,发表著作《复杂性科学的方法论》[41]。在《复杂性科学与哲学》中认为复杂性与复杂性科学两者无统一界定,复杂性科学具有以下特点:"复杂性科学只能通过研究方法论来界定,并不是一门具体的学科,力图探求科学间的关联与合作,打破原有线性理论限制,创立新的思维方式来解决我们遇到的问题"[42]。对于"有线性"的突破成为本书进行系统、整体研究的重要思路。

基于不同的领域研究方法和侧重点,国内学者进行了相关研究,通过知网数据检索,从2001年到2018年能检索到相关文章近600篇(图1-2)。如,阳建强教授在《基于文化生态及复杂系统的城乡文化遗产保护》中,将文化生态与文化遗产复杂系统相融合,走向活态的可持续发展[43]。《复杂适应系统(CAS)理论及其应用——由来、内容与启示》将系统科学的发展历程分为工程系统为主、热力学系统为主、生物和社会系统为主的三阶段[44]。陈理飞、史安娜、夏建伟阐述了复杂适应系统理论在管理领域的应用[45]。成旭华研究了CAS理论对校园集群形态复杂性[46]。学者们试图将复杂适应系统理论应用于经济、管理、社会等学科。

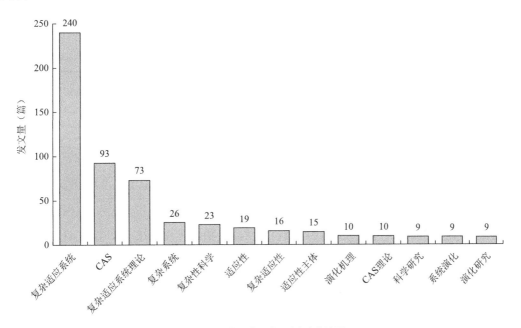

图1-2　复杂适应系统理论文章统计图

资料来源:根据知网数据资料绘制。

从上述理论研究来看,随着复杂性科学的引入,我国专家、学者进行了相关理论方面的研究,主要关键词涉及复杂适应系统、CAS、复杂性科学、复杂系统、复杂适应性、演化研究等多方面，为复杂性科学研究提供了理论基础。

1.4.2 国内外特色小镇相关研究

（1）国外特色小镇相关研究

首先，利用数据库ISI Web of Science进行检索查询，分析国外对于特色小镇研究的情况。文献研究对象为特色小镇（characteristic towns)空间发展，由于国外特色小镇的研究使用的词汇与汉语并不一致，此处采用了"TS=(featured towns OR characteristic towns OR towns) NOT CU=China"的检索公式，并用urban studies, architecture, regional urban planning和development studies四个类别进行精炼，从2009年至2018年检索近10年相关文献共2531篇，研究的关注度在近四年呈现明显上升趋势（图1-3）。

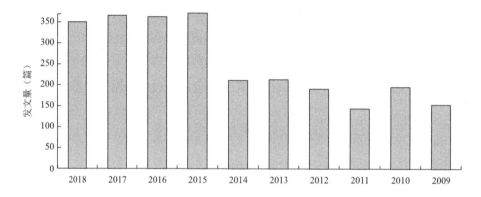

**图1-3 WOS对"TS=(featured towns OR characteristic towns OR towns) NOT CU=China"的检索结果
——近10年文献统计图**

资料来源：根据ISI Web of Science网络引文索引数据库数据绘制。

从文献发表的国家和地区分布来看，以美国、英国、意大利等国居多。美国345篇，占13.63%；英国257篇，占10.15%；意大利248篇，占9.79%；南非154篇，占6.09%；澳大利亚126篇，占4.98%；西班牙115篇，占4.54%，其余国家不足百篇。

从其研究方向来看，建筑领域1059篇占41.84%，城市研究领域1047篇占41.37%，公共行政方向787篇占31.09%，生态环境学方向516篇占20.39%，地理方向302篇占11.93%，发展研究、社会学、历史学等其他方向均在10%以下。从上述分析来看，国外对于小镇方面的研究主要涉及建筑学、城市研究、公共行政、生态环境学等领域。

小镇研究内容主要涉及经济、城市设计、生态多样性、小镇作用、公众参与、可持续发展等多方面（图1-4）。如"Eco-Cities in Japan: Past and Future"[47]文章从历史角度概述了日本生态城镇的出现，自19世纪末工业化以来，日本在经济增长的需求下对于生态所付出的代价，环境由污染到整治所经历的过程，提出了生态镇的主要特征及改造的重要性，以

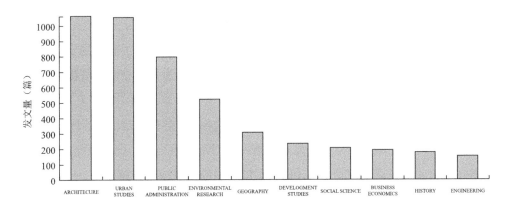

图1-4 WOS 对"TS=(featured towns OR characteristic towns OR towns) NOT CU=China"的检索结果
——研究方向分析图

资料来源：根据ISI Web of Science网络引文索引数据库数据绘制。

及在此过程中政府、公众、私营部门等起的作用。我国小镇在追逐经济迅速增长的过程中不能忽视生态环境的发展，不仅仅局限于产业方面的因素，同时要注重政府以及公众的参与，对生态环境的研究提供了借鉴。"The Resource Boom and Socio-economic Well-being in Australian Resource Towns: A Temporal and Spatial Analysis"[48]针对西澳大利亚原本依靠自身资源的工业小镇，从空间、时间的变化视角研究特定地区一个镇商品生产、经济多样性、人口特征如何相互作用，为本书作用机制研究提供了参考。"Rural Community and Rural Resilience: What Is Important to Farmers in Keeping Their Country Towns Alive?"[49]研究了澳大利亚内陆部分小镇与城市的互动，提出了互动对于小镇活力的重要性，为我国小镇与城市互动发展提供参考。"Public Green Space Inequality in Small Towns in South Africa"[50]指出小镇中公共绿地的分布往往不平等，受到多种因素的影响。研究了发展中国家南非，9个小镇公共绿地的分布情况，不同种族影响下人均绿地面积的不同。我国存在众多少数民族，不同生活习惯产生不同的风俗小镇，诸多影响因素下小镇资源的发展可借鉴类似国外小镇的经验。"Small-Town Sustainability: Prospects in the Second Modernity"[51]中提出，随着全球化的影响，跨国基层运动应运而生，为小镇提出了挑战与机遇，通过对意大利慢城市运动、瑞典生态城市、美国园艺以及阿尔巴尼亚的创意城市项目等运动的深入研究，为小镇的可持续性发展提供了借鉴。"Peripheralisation of Small Towns in Germany and Japan Dealing with Economic Decline and Population Loss"[52]分析了德国与日本小镇相似的外围化进程，否定小镇数量增长的战略，提出提高质量、慢生活的方式作为小镇衰落的补救措施，对于我国类似规模小镇发展过程应对经济衰退与人口减少的问题提供借鉴。"Comparing Traditional Urban Form in China and Europe: A Fringe-belt Approach"[53]针对世界范围内城镇增长与转型对城市景观提出了巨大挑战，比较城镇形态能够区分其历史特征与发展，对城镇特色提升具有重要作用。比较我国平遥古城与意大利科莫古城历史环境、城镇传统，揭示了由于历史地理动态的不同，城镇边缘地带间的关键差异，提出了需要集中管理的城市景观要求。通过借鉴国外小镇经验，比较中外小镇的异同，为我国小镇发展提供广阔的研究视角以及参考思路。

通过上述研究分析，可以看出国外无特色小镇的称呼，更多的是小镇、小城镇的说法，国外学者多从本国情况出发研究小镇发展的情况。对于特色小镇的国外研究，我国学者往往借鉴国外小镇的发展情况，提出针对我国小镇发展的模式或者策略。如，石建莹、舒洁、刘琦的《特色小镇的实现需要中外实践与西安策略》论文，阐述了什么是特色小镇，指出英国、美国小镇的条件、特征与我国的特色小镇不谋而合[54]，为本书研究英国小镇发展提供了借鉴。杨贵庆等教授指导的《"后乡村城镇化"与乡村振兴——当代德国乡村规划探索及对我国的启示》[55]一文，研究德国乡村"自下而上"发展路径存在的困境，探索"自下而上"发展路径的补充，为我国乡村规划法提供参考方法。于立教授在《英国城乡发展政策对中国小城镇发展的一些启示与思考》中写到："霍华德的花园城市主要体现在乡村地区的小城镇，英国重视维持小城镇的可持续发展。小城镇与城市之间基本不存在'城乡差别'，只是发展和更新的问题"[56]。张洁、郭小峰在《德国特色小城镇多样化发展模式初探——以 Neu-lsenburg、Herdecke、Uberlingen 为例》[57]中总结了德国在小城镇建设发展方面的成功经验，分析了对我国小城镇发展的启示。对于资源和土地十分稀缺的日本，在特色小镇发展中注重对生态的研究，如北九州生态镇废弃物的利用，将一个企业的废弃物变成另外一个企业的原材料[58]。我国学者通常采用比较的方法研究国内外特色小镇发展，从中寻求对我国小镇特色发展的启示。蒋琪、阮佳飞在《中外旅游小镇模式比较——以曲江新区和普罗旺斯古镇为例》文章中对比了普罗旺斯古镇的发展模式[59]。鲁钰雯、翟国方、施益军、周姝天在《中外特色小镇发展模式比较研究》中选取国内外特色小镇典型案例，比较中外特色小镇发展模式，提出对我国特色小镇发展的思考及建议[60]。高燕、钱成在《中外特色小镇建设与发展的差异研究》中指出中外特色小镇外在表现形态、源动力、建设模式上存在差异。马文博、朱亚成、杨越、姜兆银在《中外体育特色小镇发展模式的对比及启示》[61]中比较分析了国内外体育特色小镇的政策、建设价值、发展模式。上述研究为本书提供了重要借鉴，同时，比较研究亦成为本书运用的重要方法。

（2）国内特色小镇发展相关研究

我国特色小镇的研究源于浙江省小镇的探索，其产生之初多是自发的内生动力驱动，后经政府引导发展，出台了一系列国家、省、市等层面的相关政策、法规，特色小镇迅速在全国展开。众多专家、学者亦投入到特色小镇的研究中，发表专著、研究报告，目前由知网查询来看，有关特色小镇的文章达到5130篇（2006～2019年）。从发表趋势来看，自2014

年起文章发表呈逐年上升趋势,关注度较高(图1-5)。特色小镇的研究涉及产业发展、企业管理、产城融合、投融资模式、结构性改革等多方面,主要集中体现为特色小镇相关政策措施和实践案例及理论的研究成果。

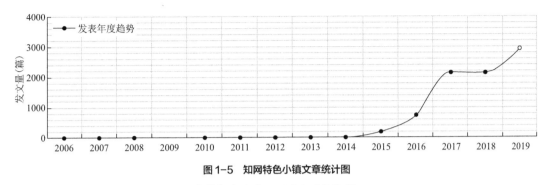

图1-5 知网特色小镇文章统计图

资料来源:根据知网数据统计绘制。

政策措施及实践案例方面:李强在《特色小镇是浙江创新发展的战略选择》中强调了浙江特色小镇发展的创新先驱作用[62]。张合军、大林、陈放、郭小曼主编的《中国特色小镇发展报告2017》[63]以及国家发展改革委城市和小城镇改革发展中心编著的《2018中国特色小镇发展报告》[64]报告从特色小镇的源起与本质入手,分26章介绍了特色小镇发展方向、政策背景、现状与趋势、浙江经验、投融资模式、不同类型特色小镇的规划与运营等,堪称特色小镇发展合集。吴志强主编了《四川特色小镇发展报告》[65],使我们重点获悉四川省特色小镇发展的经验启示。晓白主编的《中国特色小镇建设政策汇编》[66]论文集归纳整理了国家、各省市关于特色小镇政策的文件,为本书提供了全国及各省市特色小镇的政策发展参考。叶宽主编的《特色小镇简论:中国特色小镇建设深度分析及发展》[67]一书,从特色小镇概况入手,分十二章研究了2014 ~ 2016年中国特色小镇建设背景、模式、投融资分析,浙江省以及我国部分地区特色小镇建设及典型案例分析,展望特色小镇前景,提出城乡一体化建设特色小镇。浙江、上海、天津、江苏、四川、贵州、湖南、山东等省市特色小镇建设为本书提供了良好的借鉴,优化空间,管理格局,提升公共服务水平,完善城乡一体化体制,深化土地管理制度,强化生态环境保护等建设,有效地推进了我国城乡一体化特色小镇发展。林峰的《特色小镇孵化器:特色小镇全产业链全程服务解决》[68]一文探索了产城乡一体化的综合开发运营模式,以旅游引导的新型城镇化发展模式。在《产城人融合:新型城镇化建设中核心难题的系统思考》[69]中可了解到中国城镇化大背景下,产城人融合的新型城镇化道路,以及实践与探索。中国民族建筑研究会主编的《2017中国特色小镇与人居生态优秀规划建筑设计方案集》[70]选取了人居生态良好的规划建筑设计方案出版方案集,使我们较为直观地看到规划设计方案的效果。张险峰《茯茶小镇:特色小镇建设的实践与启示》[71]文章以一座小镇为例,详细研究了陕西西咸新区茯茶小镇建设的背景、实施、建成后的品牌效应,为本书提供了小镇特色的实施成果。李翅、吴培阳的《产业类型特征导向的乡村景观规划策略探讨——以北京海淀区温泉村为例》[72],以温泉村为例对不同产业类型进行研究,基于生态保护基础上进行产业结构优化,从产业类型特征视角提供了景观风貌与产业结构融合发展的模式。陈根的《特色小镇创建指南》[73]重点解读了特色小镇发展沿革、创建模式与运营、融资模式、研究案例,分类型研究了不同特色小镇,提出了特色小镇规划编制指南。陈晟在《产城融合(城市更新与特色小镇)理论与实践》[74]中解读了特色小镇重要政策,国家特色小镇申报标准及评分细则,研究了部分中国特色小镇案例。文丹枫、朱建良、眭文娟的《特色小镇理论与案例》[75]中的理论篇分析了中国特色小镇发展,案例篇重点研究了国外特色小镇建设经验,以及中国以一产、二产、三产为基础的小镇发展状况,政策篇研究了国家及各省市特色小镇发展的相关政策。

同时,部分研究机构及学会团体对特色小镇也做了深入的研究,编订特色小镇政策、案例、评价标准等。浙江长三角城镇发展数据研究院以及杭州知略科技有限公司于2017年编制了《特色小镇发展现状报告》,全方位介绍了特色小镇概念、政策、案例及经验总结,为本书研究特色小镇提供了研究基础。上海交通大学城镇空间文化与科学研究中心就城镇空间文化整理出版《城镇·记忆·场所·叙事论文集》,探索有乡愁记忆的城镇化路径,体现场所、空间精神。北京清华同衡规划设计研究院有限公司出版了《京津冀特色小镇规划建设问题研究》简本,分析京津冀特色小镇现状,定量分析京津冀特色小镇发展,应用内外层因子分析评价特色小镇发展,提出对京津冀特色小镇的优化建议,为研究京津冀特色小镇发展状况提供参考,运用GIS定量分析京津冀特色小镇发展,提出了特色小镇评价的原则、体系、技术路线等,值得借鉴。中国城市科学研究会编制了"特色小镇培育创建规范""特色小镇培育创建关键技术指标研究报告""特色小镇评价指标体系研究报告""特色小镇评价指标体系",为特色小镇评价制定了指标体系标准。

特色小镇相关理论方面:住房和城乡建设部政策研究中心与平安银行地产金融事业部编著的《新时期特色小镇:成功要素、典型案例及投融资模式》[76]一书,分七部分介绍特色小镇发展的战略意义、理论支撑与规律研究,国外著名小镇的成功案例与经验,发展现状、机遇与挑战,成功要素与发展前景,投资潜力评价体系及金融支持。产业发展、城镇化发展、城镇规划理论等成为小镇发展的理论支撑,国外典型小镇为本书提供了成功经验借鉴,结合我国特色小镇发展历程,面临挑战提出了特色小镇成功发展的要素与前景。段又升、运迎霞、任利剑在《资源禀赋驱动下的一般小城镇产业发展研究》中运用资源禀赋理论对一般小城镇资源进行量化分析,得出该镇的资源优势所在,产业发展对象引导优势产出,为小镇产业发展,从量化手段分析资源优势为本书小镇产业发展提供了参考[77]。臧鑫宇、陈天、王峤在《绿色街区——中观层级的生态城市设计策略研究》中提出了绿色街区的城市设计研究体系,并构建模型,为小镇绿色街区可持续发展提供借鉴[78]。陈光义主编的《大国小镇:中国特色小镇顶层设计与行动路径》[79]一书分宏观篇、理论篇、产业篇、投资篇、实践篇、建议篇,梳理特色小镇发展,提出了"田园城市理论""复杂适应理论""精准治理理论""产城融合理论""比较研究理论""城市区域核心理论""技术小区—技术中心""产业集群理论"等多理论视角研究特色小镇发展。

综上,国外对于特色小镇无针对性的研究,更多的是相关城市、乡村发展的借鉴,无专门针对小镇特色化发展的政策,更多的是城市相关的法规、条例、政策。小镇特色化发展通常是在原有历史、文化、生态、产业、空间等基础上的提升,从发展过程来看更多的是自组织的过程。对特色小镇的发展可借鉴其相对成熟的城市空间、生态、文化、产业等相关经验,并结合我国的国情进行实践探索。

1.4.3　国内外基于 CAS 理论的空间发展相关研究

(1)国外基于CAS理论的空间发展相关研究

利用全球最大、覆盖学科最多的综合性学术信息数据库ISI Web of Science(简称"WOS")检索查询,分析国外学者基于复杂适应系统理论城市、空间、发展等相关领域的研究情况。采用 "TS=Complex Adaptive System" 的检索公式,从1970 ~ 2019年检索到相关文章806篇,涉及电气电子工程、管理、计算机科学理论方法、人工智能、信息系统、工程机械等领域(图1-6)。运用urban studies, architecture, development studies, construction building technology四个相关领域进行精炼检索本论文相关文章。"Risk Governance in the Megacity Mumbai/India - A Complex Adaptive System Perspective" [80]从复杂适应系统理论视角分析了印度孟买的城市治理,为我们研究如何进行城市治理提供了全新的研究视角。"The Grand Bazaar in Istanbul: The Emergent Unfolding of a Complex Adaptive System" [81]文章中运用演化经济地理学对伊斯坦布尔企业集群进行分析,认为伊斯坦布尔的大巴扎具有复杂适应系统的特征,运用CAS理论对其进行研究,解释了大巴扎涌现现象的产生,为本书研究企业聚集以及涌现现象的产生提供了借鉴。题为 "Sustainable Urban Morphology Emergence via Complex Adaptive System Analysis: Sustainable Design in Existing Context" [82]的文章,运用复杂适应系统理论分析在城市环境中规划和设计的新元素,提高整个街区的能源性能和可持续性发展。文章将城市作为一个单元来考虑,为本书提供了一种单元性的可持续发展思路。文章 "Research on Simulation About a Class of Complex Adaptive System" [83]将复杂适应系统理论应用于仿真研究,利用计算机模型对系统进行观察与预测,探究系统演化过程中的复杂特性,为投资决策者提供了模型参考。英文文章

"Incorporating Complex Adaptive Systems Theory into Strategic Planning: The Sierra Nevada Conservancy"[84]针对内华达山脉自然资源保护组织越来越依赖于综合规划方法来实施保护的单一性，提出了将复杂适应系统理论运用到保护战略规划中，能够有效地指导水利资源配置，系统全面地实施保护措施，而系统全面的方法正是实施保护战略规划的重要途径。文章 "Small Enterprises as Complex Adaptive Systems: A Methodological Question?"[85]，探讨了复杂性科学能否为企业动力学提供理论建构的途径，通过构建模型，结合复杂适应系统理论的适应性和相互作用，为本书提供关于动力机制研究的借鉴。

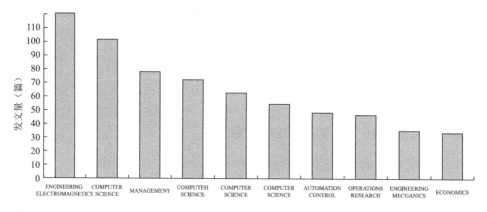

图1-6 WOS对"TS= Complex Adaptive System"的检索结果——涉及专业统计图

资料来源：根据ISI Web of Science网络引文索引数据库数据绘制。

对于小城镇空间发展国外较少有针对性的研究，更多的是对城市空间发展的研究。芝加哥学派提出的"人文生态学"城市空间结构模型是公认的最早描述城市空间社会性的理论[86]——同心圆理论、扇形理论、多核心理论，是对于城市空间发展研究的结果[87]。随着城市的发展，德国的克里斯泰勒提出中心地理论，法国的戈特曼提出大都市带理论，都市连绵区、都市圈、巨型城市等理论围绕空间发展形成了较为系统的发展理论[88]。英国的尼尚·阿旺、塔吉雅娜·施耐德、杰里米·蒂尔在《空间自组织：建筑设计的崭新之路》[89]中全新引入空间自组织概念，详细揭示了空间自组织的动机、场地、运作，为建筑设计提供了崭新之路。

对于城镇、空间、发展等相关领域的研究，主要运用复杂适应系统理论来应对城市、企业、可持续发展、环境保护等方面的问题，为本书提供了一种复杂、系统、多学科的视角，去应对城镇中出现的复杂问题，同时也提供了可供参考的理论与实践基础。

（2）国内基于CAS理论的空间发展相关研究

基于CAS理论城镇、空间、发展等方面的研究，我国学者进行了相应的研究，并取得了一定的成果。城市系统学理论研究方面，1985年，钱学森教授最早提出建立城市学的设想,倡导城市学及复合生态系统的研究,同时提出了开放的复杂巨系统及其方法论,从系统学角度为城市研究提出了新思路,成为城市系统学研究领域的开拓者。2002年周干峙教授发表《城市及其区域——一个典型的开放的复杂巨系统》[90],提出城市复杂巨系统的概念。侯汉坡、刘春成教授长期从事复杂适应系统理论城市应用的研究,出版书籍、发表文章为本书关于城市复杂系统的认知提供了理论基础,他们在城市系统学研究方面出版了《城市的崛起—城市系统学与中国城市化》[91]等专著,对城市系统学研究提供了前瞻性视角。侯汉坡、刘春成、孙梦水教授还提出基于复杂适应系统的视角研究城市系统理论[92],2012年在复杂适应系统理论、系统科学等思想和理论的基础上,刘春成、侯汉坡教授又提出城市系统学的观点,2017年出版的《城市隐秩序:复杂适应系统理论的城市应用》[93]一书,深入研究城市系统特征以及子系统间的关联性。城市系统学认为复杂系统的主体是人,由城市规划、基础设施、公共服务、城市产业四个子系统组成,子系统在城市中协调发展,组成城市的智慧系统。利用可拆分的积木机制将城市系统进行拆分,并对子系统的特性分别进行研究,从中可以详细学习到城市系统、子系统的具体特性表现(图1-7)。本书借鉴其系统拆分的积木机制,学习系统特性的研究方法。仇保兴教授在《城市规划学新理性主义思想初探——复杂自适应系统(CAS)视角》[94]中从城市的复杂自适应系统特征入手,研究了传统理性主义、后现代主义、新理性主义的异同,提出了只有新理性主义才把城市的显秩序与隐秩序作为研究对象,从而全面揭示城市的复杂性与演化规律。发表了《复杂性科学与城市规划变革》、《复杂适应理论与特色小镇》[95]、《复杂性科学与城市转型》[96]等复杂性研究的文章,为本书研究指明了方向。

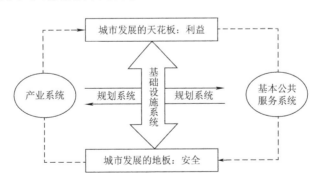

图1-7　城市四大基本子系统结构关系示意图

资料来源:刘春成.城市隐秩序:复杂适应系统理论的城市应用[M].北京:社会科学文献出版社,2017:57.

对于空间相关研究方面,各高校在城市空间方面做了大量的研究工作。同济大学杨贵庆教授的《城市空间多样性的社会价值及其"修补"方法》[97]为本书提供了空间理论的相关研究,空间转型的动因、特征、"修补"方法,"板块"、网络、小尺度、多样化等成为空间发展的重要借鉴。同济大学吴志强教授指导的《城市空间形态图析及其在城市规划中的应用——以济南市为例》针对济南市运用图形分析解释法,对平面及立体空间形态演化特征进行分析,在此基础上构建城市规划发展对策[98]。同济大学王世福教授发表了"理解城市设计的完整意义——《城市空间设计:探究社会—空间过程》读后感"[99],北京大学林坚教授提出了"重构中国特色空间规划体系"[100],沈阳建筑大学石铁矛教授指导的《英国区域绿色空间控制管理的发展与启示》借鉴了英国绿色空间控制管理体系的发展经验[101],东南大学孟建民教授出版了《城市中间结构形态研究》[102]专著。段进教授及其团队在空间研究方面做了大量工作,出版了空间研究系列书籍,包括《空间研究3:空间句法与城市规划》[103]、《城市空间发展论》[104]等,为本书提供了空间发展的理论及方法。张勇强在《城市空间发展自组织与城市规划》[105]一书中从牛顿力学、系统动力学、自组织理论体系、元胞自动机的视角分析了国外学者对于城市空间的发展及演化,较为系统地研究了国外空间发展的理论与实践,成为本书研究空间发展的重要参考。阳建强教授指导的《城市空间重构影响下城市边缘区更新研究——以常州清潭片区为例》[106]从城市边缘区相关的演变特征、更新、理论入手,研究了清潭片区空间更新诉求。南京大学蒋费雯、罗小龙的《产业园区合作共建模式分析——以江苏省为例》[107]运用空间生产理论,研究了合作空间园区空间,提出了三种治理模式,为产业特色小镇空间发展提供了参考。深圳大学王浩锋、施苏、饶小军的《城市密度的空间分布逻辑——以深圳为例》定量分析了深圳街道网络、用地功能、土地开发强度间的逻辑关系,提出了可视化的定量研究方法[108]。黄亚平、冯艳、叶建伟在《大城市都市区族群式空间结构解析及思想渊源》论文中提出了族群式空间结构概念,并追溯思想渊源,对田园城市、带形城市、有机疏散、多中心网络结构等研究成果成为论文对于城市空间结构的重要借鉴[109]。武汉大学周婕、王静文的《城市边缘区社会空间演进的研究》文章以武汉为例,研究了城市边缘区的人口组织、社会空间等的演进及内在机制,为本书空间结构的演进机制提供参考[110]。高伟、魏远征、林从华、罗翰欢在《基于空间句法的和平古镇街巷空间量化分析研究》[111]中运用空间句法的轴线分析,量化研究古镇的保护与更新,为本书文化遗产空间发展提供了借鉴。

知网搜索基于复杂适应系统理论城镇方面的文章,主要集中在仿真模拟、模型研究、城市研究等,具体关于空间发展方面的研究较少涉及。常玮、郑开雄、运迎霞的《滨海城市空间结构气候复杂适应研究——基于CAS的厦门城市空间结构优化探讨》[112]是基于CAS构建空间结构气候适应优化理论框架,并以厦门为例进行实证研究,CAS适应性对于空间结构适应气候变化研究带给本书重要启发。王浩锋教授在《社会功能和空间的动态关系与徽州传统村落的形态演变》中运用空间句法理论研究了村落空间的异同与社会、经济结构的关联,动态关系的作用,影响村落形态的演变[113]。王世福教授指导的《信息社会的城市空间策略——智慧城市热潮的冷思考》,从功能组织、交通出行、空间意象等角度分析了信息技术对空间的作用机制,提出了空间规划策略[114]。高伟、龙彬研究了复杂适应系统理论对城市空间结构生长的启示[115]。王中德在《西南山地城市公共空间规划设计的适应性理论与方法》[116]中,运用复杂适应系统理论研究了西南山地这一特殊地形下公共空间的复杂性,将西南山地城市公共空间视为典型的复杂适应性系统,加大城市规划的主动学习来适应公共空间的发展,其中复杂性、适应性、系统性的方法成为系统研究的重点。约翰·弗里德曼的《关于城市规划与复杂性的反思》一文针对复杂系统提出的观点,将我国长三角作为一种超级复杂、多中心的城市区域进行研究[117],成为重要的学习点。清华大学龙瀛教授在复杂适应系统理论及空间发展方面发表相关文章,在《北京城市空间发展分析模型》[118]中,以北京为例,对空间发展的模型进行相关研究,为小镇空间发展研究提供了模型方法的借鉴。

具体到特色小镇空间发展方面,文章主要为空间生产、分布、提升、重构、整合的研究,较多提及了产业、旅游、街巷空间。如陈维力的《广西专业特色镇产业空间布局研究》,选取广西四个特色小镇研究其产业发展历程,分析其缺点与不足,提出了专业特色镇的产业布局规划策略[119],为进行特色小镇产业布局规划提供了重要参考。张安民在《特色小镇旅游空间生产公众参与现状——以浙江省为例》[120]中,通过问卷调查的方式研究公众参与情况,为特色小镇空间生产的公众参与提供了可参考的借鉴方法。冯玖华、曹治在《旅游特色小镇在提升街巷空间品质上的环境空间设计研究》[121]中,以茅台古镇为例,通过街巷小品、建筑风貌、旅游业态方面对空间环境进行改造升级,打造旅游特色小镇,为具有文化遗产资源小镇的特色打造提供了借鉴。杨贵庆、宋代军、王祯、黄璜发表的《社会融合导向下特色小镇与既有村庄空间整合的规划探索——以浙江省黄岩智能模具小镇为例》[122]一文,以特色小镇为例,提出特色小镇通过规划整合、配置资源、功能互补,实现社会融合。从多元人群的视角研究如何达到融合发展,为本书的特色小镇与城市、乡村融合提供了可参考思路。上述研究为特色小镇研究提供了理论、产业、空间等多方面的借鉴。

基于CAS理论视角的特色小镇空间发展研究文章相对较少。冯云廷在《特色小镇建设的产业—空间—文化三维组织模式研究》[123]中,将产业、空间、文化视为功能性资源,探讨组织模式的创新。孟祖凯、崔大树在《企业衍生、协同演化与特色小镇空间组织模式构建——基于杭州互联网小镇的案例分析》中,以衍生企业和马歇尔外部性理论为切入点,从自组织和他组织视角构建特色小镇空间组织模式,提出协同演化集聚机制,并进行实证研究[124]。徐苏妃、张景新在《基于复杂适应系统理论的广西特色小镇发展评估与对策》中基于复杂适应系统理论构建特色小镇空间发展评估体系,对广西特色小镇发展进行评估,并提出相应对策[125]。仇保兴教授对于特色小镇发展从复杂适应系统理论视角对其作了特性以及评价的研究[126]。周静、倪碧野在《西方特色小镇自组织机制解读》中提出西方国家特色小镇是自下而上自组织发展而来,以四个案例按照自组织理论体系详细解读了外界力量对于特色小镇的效应,提出对培育我国特色小镇的建议[127]。

近年来,基于复杂适应系统理论的研究逐步拓展到与各学科相结合的领域,并在城市空间相关研究领域取得了一定的成果。然而针对特色小镇系统学以及空间发展的研究相对较少,成为系统学研究领域的不足之处。

1.4.4 相关研究综合评述

从上述国内外研究综述来看,针对复杂适应系统理论相关方面的研究,国外学者对于系统科学理论、实践的研究相对较早,形成了较为成熟的理论体系。研究的范围从系统科学动力机制到自组织理论哲学再到复杂适应系统理论,不同阶段、不同领域的研究为我国系统科学的学习提供了坚实的理论基础,为我国学者的研究提供了良好借鉴。国内在系统科学方面的研究发展迅速,并取得了相应的成果,后续学者在实践中将理论拓展,为我们研究社会、城市提供了全新的理论、实践基础。国内外学者的研究成果从理论与实践上为本书进行CAS理论、城市空间的研究提供了借鉴。

对于特色小镇相关方面的研究,国外以城市、乡村的发展居多,相对而言国内特色小镇发展迅速,对于此研究较多,研究范围较为广泛,然而对于空间发展的研究相对较少。基于CAS理论城市空间发展方面的研究,国外对于城市系统学研究相对较多,以城市空间为主,对于特色小镇空间方面几乎没有涉及。国内对于复杂适应系统理论城市方面的研究较多,形成了城市系统学的观点。然而对于特色小镇系统的复杂性认知存在缺失,缺乏深入广泛的研究。复杂适应系统理论研究多局限于城市相关的仿真、模拟、理论、应用等,对于空间发展的研究存在不足,特色小镇在此方面更是处于起步探索阶段。

结合上述研究,通过文献可视化分析平台Citespace对知网、CSSCI检索引擎中对于复杂适应系统、特色小镇、空间发展等相关研究方向、热点词等进行可视化定量分析,寻求本书研究的主要切入点与创新点。截止到2018年底,全文搜索涉及复杂适应系统相关文献726篇,特色小镇相关文献665篇,空间发展相关文献137篇,利用Citespace对其进行可视化分析,以时间为横轴得出文献研究热度、关联度、热点词(图1-8)。从图1-8中可以看出,近五年研究热度等级最高的热点词主要为特色小镇、复杂适应系统、复杂性、旅游小镇、产业、协同等,但其关联度不高。由此可见,复杂适应系统理论视角研究特色小镇空间发展属于系统学领域较新的探索,特色小镇系统学研究以及空间发展研究存在较大空间。城市系统学研究对于城市系统复杂性认知,整体性发展起到了重要作用,过渡到特色小镇空间发展过程中,复杂性、系统性、整体性的研究同样具有重要意义。本书从特色小镇空间发展问题解析入手,引入复杂适应系统理论。运用系统分析的方法探究"生成论"与"构成论"融合下，特色小镇复杂系统间的作用、协同机制，从而生成空间发展系统体系。同时，结合特色小镇典型案例及参与的课题研究，从实证的角度去研究空间发展系统体系的实施策略，从而为特色小镇空间发展提供系统、整体、多维的指导借鉴。

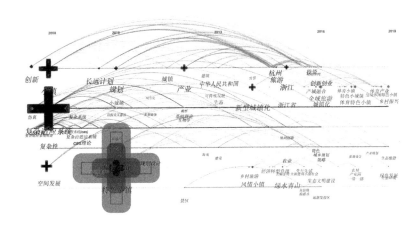

图 1-8 复杂适应系统理论视角特色小镇空间发展相关文献可视化分析

资料来源：根据 Citespace 分析绘制。

1.5 研究创新点及方法

1.5.1 研究创新点

通过以上研究，主要提出以下创新点：

（1）构筑了基于复杂适应系统理论的特色小镇空间发展理论架构

通过比较 OECD 国家与我国特色小镇的发展情况、差异，分析空间发展失衡，引入复杂适应系统理论新视角。分析研究我国第一、二批特色小镇以及实际项目，提炼总结了影响特色小镇空间发展的主要子系统——产业发展、文化遗产、生态环境。结合复杂适应系统理论研究，构建了"生成论"与"构成论"融合的特色小镇空间发展系统理论架构。

（2）提出了基于复杂适应系统理论的特色小镇子系统间协同作用机制

依据复杂适应系统理论准则，结合大量案例研究，分析了空间发展与产业发展、文化遗产、生态环境之间的相互作用机制，提出了作为复杂适应系统特色小镇空间发展与其余三个主要子系统之间的协同作用机制，为特色小镇空间发展的复杂性研究提供了支撑。

（3）构建了基于复杂适应系统理论的特色小镇空间发展系统体系

运用复杂适应系统理论，基于空间发展与产业发展、文化遗产、生态环境的协同作用机制,构建了产业聚集性、文化多样性、生态非线性空间发展系统体系,并结合案例进行实证研究,为特色小镇空间发展系统研究提供依据。结合实际项目提出了基于"生成"与"构成"融合的空间发展实施策略,为特色小镇空间发展实践提供了指导。

1.5.2　研究方法

本书采用理论借鉴与实证研究相结合,定性与定量研究相辅助等的综合研究手段。整体研究主要包括系统分析法、文献研究法、案例研究法、实地调研法、比较研究法等方法。

（1）系统分析法

系统分析法是将空间发展以及相关的特色小镇空间发展要素作为系统,运用系统论和系统分析的方法进行分析。本书探索CAS理论的七个基本点,分析特色小镇系统的复杂适应性、系统演化,选取特色小镇空间发展的关键要素,构建产业发展、文化遗产、生态环境及空间发展的复杂系统,研究空间发展与产业发展、文化遗产、生态环境的相互作用机制。以系统突出的聚集性、多样性、非线性与空间发展系统的特征协同,构筑产业聚集性、文化多样性、生态非线性空间发展系统,以整体性和系统性思维研究特色小镇空间发展系统。

（2）文献研究法

首先,阅读大量相关历史资料,从政治、经济、文化等角度研究OECD国家小镇发展情况,分析OECD国家与我国特色小镇产业形态、生态环境、文化传承、设施服务、政策体制等的差异。其次,通过查阅国内外相关复杂适应系统理论、城镇化、小城镇、特色小镇的相关政策、制度、著作,了解国内外特色小镇空间发展区域、特点、政策走向、研究动态。然后,针对性地在相关学术网站下载复杂适应系统理论、自组织、小城镇、特色小镇、空间发展方面的期刊论文,了解基本情况,从而形成理论体系,确定研究框架。

（3）案例研究法

对于案例研究法的应用,主要借鉴美国科瑞恩·格莱斯的《质性研究方法导论》[128]、美国罗伯特·K·殷的《案例研究方法的应用》[129]和我国陈向明的《质性研究:反思与评论》[130]等相关理论及应用文章。搜集第一、二批特色小镇以及实际参与项目的相关资料,进行大量案例分析研究,对其进行分类、整理、归纳、总结,筛选典型案例后续进行实地调研。同时,梳理参与特色小镇相关项目案例并进行分析,为特色小镇空间发展研究提供多角度实证基础。

（4）实地调研法

在案例研究基础上,选取典型特色小镇案例采用现场观察法、询问法进行实地调研,对实地建设情况进行走访,探究实际建设情况、特色体现及建设过程中存在的问题。对于实际参与的特色小镇项目,前期采用现场观察法、询问法、座谈法进行实地调研,获取相关项目资料及数据。通过实地调研,获取第一手资料,为案例研究、分析提供实践基础。

（5）比较研究法

比较OECD国家与我国特色小镇发展情况,分析不同政策、案例,提出特色小镇的差异,空间发展存在的问题,以及CAS理论提供的借鉴。比较我国第一、二批特色小镇总体、经济、产业发展、建设情况,同类型小镇文化遗产与空间发展情况等,提出特色小镇空间发展的关键性要素。

（6）归纳法

与演绎法相对,从个别到一般的推理手法。本书搜集相关特色小镇资料并对其进行大量的实地调研,结合实际参与的项目,在案例研究、实地调研、比较研究方法的基础上,总结研究特色小镇空间发展的共性。

（7）空间分析法

根据住房和城乡建设部第一批、第二批特色小镇评选资料,采用空间聚类方法中分割法分析小镇经济概况中的GDP、公共财政收入、产业类型,研究两批特色小镇概况。对于部分实际特色小镇项目场地分析中,采用数字地形分析其坡度、坡向,对于线状河流采用缓冲区分析研究生态环境的肌理,量化本书研究。

1.6 研究内容及框架

1.6.1 研究内容

基于当前特色小镇发展背景,以特色小镇空间发展为研究对象,从复杂适应系统理论视角分析特色小镇空间发展,构建其系统框架,研究特色小镇空间发展与产业发展、文化遗产、生态环境与作用及协同机制。构建特色小镇产业聚集性、文化多样性、生态非线性空间发展系统架构,在此系统体系下实证研究特色小镇空间发展实施策略,提出复杂适应系统理论视角空间发展系统评价准则,以期特色小镇空间发展更好地适应产业发展、文化遗产、生态环境,从而满足主体的需求。在内容设置上,主要包含以下章节:

第1章绪论。从国内外相关理论研究入手,论述研究的背景、意义和研究对象、范围,界定相关概念,提出所采用的方法及创新点、内容及框架。

第2章特色小镇空间发展问题解析。比较分析OECD国家、我国特色小镇,提出两者之间存在的差异,提出政策失效、动力缺乏、要素制约导致空间发展失衡,并采用CAS理论为空间发展提供新视角。

第3章CAS理论视角特色小镇空间发展系统构建。运用CAS理论分析特色小镇系统内涵、复杂性特征、复杂性演化。比较我国第一、二批特色小镇发展情况,提出影响空间发展的关键性因素——产业发展、文化遗产、生态环境。基于系统学视角,分析特色小镇空间发展作用机制及协同机制,构筑特色小镇空间发展系统理论框架。构建CAS理论视角特色小镇产业聚集性、文化多样性、生态非线性空间发展复杂系统体系。

第4章特色小镇产业聚集性空间发展系统分析。从特色小镇产业发展、空间发展存在问题入手,运用CAS理论分析特色小镇产业发展与空间发展的作用与协同机制,构建CAS理论视角特色小镇产业聚集性空间系统体系,选取已建典型案例进行实证研究。

第5章特色小镇文化多样性空间发展系统分析。从特色小镇文化遗产要素分析入手,运用CAS理论分析特色小镇文化遗产与空间发展的作用与协同机制,构建CAS理论视角特色小镇文化多样性空间系统体系,选取在建典型案例进行实证研究。

第6章特色小镇生态非线性空间发展系统分析。从特色小镇生态环境要素分析入手,运用CAS理论分析特色小镇生态环境与空间发展的作用机制及协同机制,构建CAS理论视角特色小镇文化多样性空间系统体系,选取规划典型案例进行实证研究。

第7章CAS理论视角丁蜀镇特色小镇空间发展实施策略。基于构建的产业聚集性、文化多样性、生态非线性空间发展系统体系,以丁蜀镇特色小镇为例,解析空间发展的关键要素,研究系统的协同机制,生成整体、系统、多维的空间发展体系,提出"生成论"融合"构成论"的空间发展实施策略。

第8章结论与展望。思考我国特色小镇现阶段的空间发展研究,运用复杂适应系统理论提出特色小镇空间发展系统的评价准则,总结本书的主要观点,反思与展望特色小镇空间发展的未来前景。

1.6.2 研究框架

研究框架如图1-9所示。

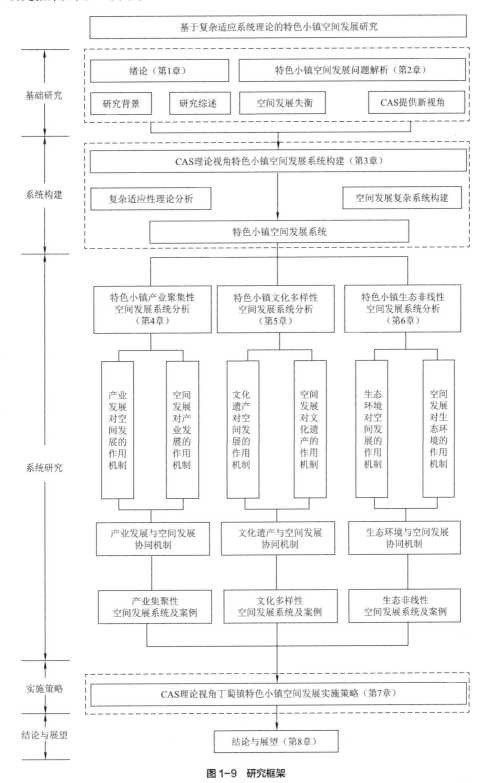

图 1-9 研究框架

▶▷ 第 2 章　特色小镇空间发展问题解析

　　纵观国内外城镇发展历史，特色小镇的发展与城镇化进程休戚相关，作为城镇化进程中不可或缺的小镇，起着连接城市、乡村发展的纽带作用。OECD国家经济发展迅速，在特色小镇的发展中作出了适宜性探索，积极借鉴OECD国家小镇发展过程中的经验，结合我国特色探索城镇化发展的道路，对其发展具有积极作用。

　　OECD国家虽然鲜有特色小镇的说法，但通常所称的小城市、小城镇，从人口、建制镇规模上来说与我国特色小镇规模相当，具有某些功能的小镇，从宽泛的定义来讲可称之为特色小镇，如美国格林威治对冲基金小镇、瑞士达沃斯小镇等。OECD国家城镇化起步较早，建立了较为成熟的政策体制，其特色化发展为我国特色小镇提供了借鉴。相对而言，我国特色小镇起步较晚，但随着相关政策扶持，发展迅速，产生了诸多成功案例，成为后续发展的重要借鉴。从OECD国家与我国特色小镇概况入手探求差异性，分析我国特色小镇空间发展失衡问题，引入CAS理论视角，为特色小镇空间发展提供研究基础。

2.1　OECD国家与我国特色小镇概况

2.1.1　OECD国家特色小镇概况

　　OECD国家没有严格意义上的特色小镇说法，没有专门针对特色小镇的政策，但他们先进而丰富的城市规划理念和完备的法律、法规制度都对小镇发展建设的成功有着不可替代的保障作用。本书通过特色小镇相关网站、专业期刊、书籍[1]等搜集国内外小镇相关资料，采用文献研究法进行研究。搜集整理英国、美国、德国、日本等OECD国家制定的小镇建设相关政策法规（表2-1），为我国特色小镇法制建设提供有益的启示。

OECD 国家小镇建设相关政策法规　　　　表 2-1

国家	条例	年份	主要概况
英国	Planning Policy Statements 7:Sustainable Development in Rural Areas	2004	规划管理，基础设施建设，历史遗产保护，生态环境保护制定相应条例
美国	Code of Federal Regulations Title 7: Agriculture PART 1924—CONSTRUCTION AND REPAIR	1996	规划管理政府及开发商职责，制定基础设施建设相关条例
德国	Code de l'Urbanisme《田地重画法》	1973	规划管理历史遗产保护，生态环境保护
	Baugesetzbuch《建设法典》	1973	规划管理基础设施发展
日本	《山村振兴法》	1965	对基础设施建设、文化保护、政策支持方面作出相应规定
	《农业振兴地域整备法》	1969	对地域相关条件作出相应规定

根据OECD国家小镇实践研究，发展要点可归纳为以下五个方面，包括产业形态、生态环境、传统文化、设施服务和政策体制。

（1）产业形态方面：一是根据市场情况与政策导向，新建或转型创新产业，吸引人才集聚，促进经济发展；二是利用自身条件，放大优势资源，开发本地特色产业，带动旅游业发展。

（2）生态环境方面：一是利用小镇优越的生态基底，打造景观环境独特的风情与氛围；二是规划与建造创意建筑，提高景观观赏性。

（3）传统文化方面：一是保留特色建筑与原貌，传承历史文化特色，转化为旅游资源；二是利用文化优势，挖掘市场化资源，发展可持续文化产业；三是发展小镇配套项目，提供人文服务。

（4）设施服务方面：一是利用小镇产业特色，完善与其相关的设施服务；二是提供便利、完善的交通与生活配套服务；三是提供极具特色的旅游体验与消费项目。

（5）政策体制方面：一是在政策上，提供相应资金支持，给予税收优惠；二是在创业环境上，为创业型小镇提供住房等便利条件；三是在国际合作上，加大对外交流。

1　相关网站比如特色小镇培育网、特色小镇网、千企千镇网等；专业期刊比如《城市规划》、《国际城市规划》、《城乡规划》、《小城镇建设》等。

2.1.2　我国特色小镇概况

我国小城镇由农村的集市逐渐演变而来,农民进行农产品交易,逐步形成固定的市场,周围逐渐集聚一定的人口与产业,最终形成永久性的聚集区[131]。我国小城镇的发展经历了一个漫长的过程,20世纪80年代之前,小城镇无针对性规划。20世纪80年代起,农村经济体制改革为小城镇的发展提供了条件,直至近期到特色小镇发展阶段,针对不同的发展时期和水平,国家、省级层面出台了相应的政策、法规。

从省级层面来说,各省市根据当地情况提出相应的特色小镇政策。起步最早的浙江省所提出的特色小镇政策法规,大致分为三个阶段。起步阶段:2014年,学习国外类似地区的发展经验,借鉴国外与浙江地少人多、块状经济特点相似地区的经验。全面启动阶段:2015年1月将"特色小镇建设"列入省政府年度重点工作计划,全面开展特色小镇建设。实质推进阶段:2015年6月,明确特色小镇工作组织架构,出台相关实施细则。2016年1月,总结相关经验,从"纸上概念"全面走向"落地实施"[132]的阶段。

2005年,海南省提出了"海南特色旅游小镇"建设。2010年,发布《海南国际旅游岛风情小镇(村)发展规划》初稿。2013年3月,省"十二五规划"(2011～2015年),指出:"选择一批地理位置、基础设施、自然和人文环境较好的乡镇,以旅游化改造为手段,建成一批特色旅游小镇。"[133]2014年4月出台了《海南省特色风情小镇建设指导意见》,2015年1月印发《海南国际旅游岛特色风情小镇(村)建设总体规划(2011～2030年)》的通知,明确到2020年将建设55个,到2030年将建设100个特色风情小镇的目标。

山东省实施"百镇建设示范行动",出台相关政策及发展规划,在实施扩权强镇、保障发展用地、加强资金扶持等方面制定了创新性的优惠政策[134]。

河北省人民政府出台《关于建设特色小镇的指导意见》,规划用3～5年时间,加快培育建设产业特色鲜明的小镇[135]。对于"特色小镇"明确自己的概念——非行政区划的"镇"、非"区",明确产业定位,加大小镇政府投资,创新产业特色。

《北京市"十三五"时期城乡一体化发展规划》指出,"十三五"期间,建设功能性特色小城镇,提高小城镇承载力,对接非首都功能疏解,起到示范性作用[136]。

到2020年,天津市将创建10个市级实力小镇,20个市级特色小镇,建设独具特色的小镇[137]。

通过上述国家层面和省级层面在特色小镇的政策法规,以及对相关省市特色小城镇建设的成功经验进行归纳,可以概括为以下几个侧重点:明确产业定位,加强规划管理;提升环境风貌,加强生态环境保护;挖掘地域特色,弘扬传统文化;提高基础设施建设,提升公共服务水平;加强社会资本参与,政府全面支持。

我国特色小镇发展实践方面，基于自身特色的基础上形成了几类较为典型的模式：资源优势型、转型升级型、全新打造型等，提供了良好的借鉴。

根据初步调研与分析，我国特色小镇发展实践要点也可以归纳为以下五个方面，包括产业、环境、传统文化、设施服务和政策体制。

（1）产业方面：需要精准的市场定位、鲜明的特色。一是利用当地资源优势，有效挖掘当地资源，形成市场竞争力；二是在国家政策引导下主动发展新型产业，通过新兴技术升级产业链；三是提供利于当地产业发展的平台和配套设施。

（2）环境方面：需要满足布局合理、生态宜居。一是保持小镇的肌理和风貌集约利用土地；二是合理布局交通系统，适宜的街道空间；三是生态环境良好，彰显地域特色；四是产业发展需提升居民生活品质，达到产城融合。

（3）传统文化方面：需得到充分挖掘和有效传承。一是有效挖掘和整理文化遗产与传统特色；二是共生、融合发展当地产业；三是弘扬传统文化，增强小镇的可识别度和居民的归属感。

（4）设施服务方面：要做到高效便捷、合理完善。一是完善基础设施建设与城镇居民需要相配套，并降低环境影响；二是提供便捷完善的公共服务设施，保障城镇的均衡发展。

（5）政策体制方面：要求激发小镇活力、促进当地发展。一是创新规划管理制度，制定地域特色和产业需求配套的管理制度；二是合理规划社会管理制度，利于地方人文建设。

2.1.3　OECD 国家与我国特色小镇差异分析

通过上述 OECD 国家与我国特色小镇概况分析来看，产业形态、生态环境、文化传承、设施服务、政策体制成为小镇发展的重点，由于国内外体制、发展速度等因素影响，存在一定的差异。

（1）特色小镇产业形态的差异

OECD 国家小镇突出产业、资源的特色，这类特色小镇均具有悠长的历史，某些特色资源小镇具有优美的自然风光或者独特的人文景观，这些景色极具历史传承。例如，英国的温莎小镇，是有着历代王室传承的小镇，无论是自然景观还是建筑风貌都有着悠久的历史。特色产业小镇亦具有悠久传承，例如法国的普罗旺斯小镇，其葡萄种植的历史可追溯到公元前，是法国古老的葡萄产地，葡萄酒闻名遐迩，我们所熟知的薰衣草种植也历经百年的传承。我国具有特色资源的小镇，如浙江乌镇、同里等水乡小镇也具有千百年的传承，但更多的是作为旅游来发展其特色，成为以旅游观光为主的特色小镇。特色产业小镇在我国是个较为新鲜的事物，较早提出的基金小镇、云栖小镇、梦想小镇其发展历史较短，更多的以类似现代产业办公的形式出现，两者形态存在一定的差异。

（2）特色小镇生态环境的差异

从特色小镇发展过程来看，OECD国家诸多小镇的发展也经历了"先污染、后治理"的漫长过程。如英国城镇化在历经伦敦大火、鼠疫、毒雾后，英国政府积极改善城镇环境建设，同时，通过设置绿带限制城镇的无序蔓延[138]。进入生态城镇发展阶段后，生态可持续发展成为小镇发展的重要着力点。推进交通、能源、建筑等的绿色化发展，产业体系、空间体系、生活消费的绿色化，人才、技术的绿色储备成为国外生态小镇发展的重要因素[139]。我国特色小镇建设之初，通常具有良好的生态环境，成为小镇发展的特色资源，然而过度追求城镇化的过程中，容易出现忽略可持续发展的问题，造成生态环境的失调。

（3）特色小镇文化传承的差异

OECD国家特色小镇通常具有悠久的历史，良好的传承、人文环境，成为其延续发展的资源优势。小镇倡导以人为本的发展理念，并结合当地人文、历史资源，打造传统与现代生活相融合的宜居环境。我国发展良好的特色小镇通常注重当地人文、历史因素，强调对自然环境、当地特色、历史文化的保护与传承。然而，部分特色小镇建设中仍然存在拆真建假的现象。如何利用文化遗产传承，注重规划小镇性质、职能等要素，保持特色小镇文化遗产发展的延续性，成为特色小镇文化传承中的重要环节。

（4）特色小镇设施服务的差异

OECD国家特色小镇发展历史悠久，通常具有一定的规模与知名度，配套设施服务相对完善。如瑞士达沃斯小镇具有世界知名度，交通便利，会议、旅游相关服务配套齐全。美国格林威治对冲基金小镇，满足金融服务业需求，生活配套设施服务齐全。我国特色小镇多为新兴产业发展而来，规划面积多控制在3平方公里，规模较小。部分小镇距离城市较远，尚处于建设阶段，其知名度与规模效应上与OECD国家特色小镇存在差距，相应的配套服务设施相对滞后。

（5）特色小镇政策体制的差异

OECD国家小镇通常具有千百年的传承，在文化、产业、生态等方面多注重小镇内生动力的因素，通过产业集聚，市场优劣来淘汰劣势产业，形成较具发展优势的产业。政府通常提供较为宽松的环境而不是过多制度规定的约束，提倡不同层面公众的参与，通过发放调查信件、开会、网上调查等，把重要意见反映到规划中落实，同时设有规划督察监督执行[140]。我国特色小镇发展中多受益于政策、法规的推动，应该更加注重内生动力的挖掘，同时发挥政策的管理引导作用，增强公众参与，确保特色小镇的科学发展。

2.2　我国特色小镇空间发展失衡分析

从上述 OECD 国家与我国特色小镇概况来看,均注重产业、文化、生态、配套、政策等的发展,同时也存在一定的差异,这种差异往往导致小镇特色不显著、发展不均衡等问题。究其原因,主要表现为特色小镇政策失效、动力缺乏、要素制约等方面,发掘问题所在,是推动小镇空间良性发展的关键。

2.2.1　政策失效导致空间发展失衡

政府主要通过规划、法规、激励制度和准入工具等对特色小镇的发展进行管理。特色小镇一经提出便得到了全国各方的积极响应,政府层面制定了相应的政策,主导特色小镇的发展,这种自上而下的"他组织"为主导的构成模式在小镇发展之初,为特色小镇的快速启动产生了重要的导向性作用,但是由于特色小镇的培育需要时间的积累,发展过程中逐步显现出各种问题。政策性主导发展的特色小镇在快速追求成效的过程中,很容易效仿类似的发展政策、模式,从而造成"千镇一面"的特色小镇空间发展格局。

国家层面上评出了第一、二批全国特色小镇,特色小镇基本按照统一的标准来进行评选,相对而言就形成了不成文的发展框架,对于全国特色小镇的发展起到了定向的引导作用,容易导致大量小镇跟风式的发展。住房和城乡建设部发布的《住房和城乡建设部关于保持和彰显特色小镇若干问题的通知》指出:"特色小镇应建设小尺度开放式街坊住区,对住区尺度限定在 100 ~ 150m;严禁建设大规模的广场、公园、道路;新建低层、多层建筑,限制建筑高度在 20m;禁止大拆大建、新建、整体搬迁开发的模式;要求注重保持现状肌理,延续传统风貌,传承小镇传统文化,不盲目抄袭外来文化等[141]"。此类规划条文在一定程度上对特色小镇出现的某些问题进行了限制,但是由于"规划偏主观"的限制,很容易导致特色小镇空间发展的趋同化。如杭州基金小镇的崛起,部分地区组织参观考察,积极效仿,创造类似的环境,打造相同的产业,很容易造成"撞衫"。据不完全统计,全国类似的基金小镇已有 30 多个,从整体发展角度来说,远远脱离了实际的需要。第一、二批全国特色小镇类型中历史文化型占了多数,众多具有历史文化传承的小镇,希望借此契机入选特色小镇名单。比如江南水乡特色小镇的打造,在已有名气的江南小镇周边地区挖掘类似的特色小镇,虽然历史文化大同小异,但水乡特色的空间结构基本相仿,难以带动当地的发展。像笔者调研的某些古镇,从空间发展来说,基本采用中间水体两侧布置古街巷的空间格局,采取了镇区人员异地安置,引入商业发展的模式,大致相仿的水乡古镇,难以吸引众多人群。类似的风筝小镇、滑雪小镇、工业型小镇等更是效仿其名称、发展布局,实际发展效果并不理想。如此"千镇一面"的特色小镇也很难凸显其特色,难以成为当地小镇发展的亮点。

从资金投入来看,政府通常会在经济较发达地区投入大量资金,带来当地的快速发展。由于我国东、西部发展不平衡,带来各地区空间差异较大,而同一地区内由于地理环境、地形地貌的不同也存在较大的差异。政府投入资金较大的地区,往往经济发展快速、交通发展便捷、基础设施配套完善,为特色小镇空间发展提供了良好的基础条件。而政府投入资金较少的地区,经济发展欠发达、交通可达性不高、基础设施投入较少,呈现明显的东部发展快速,西部发展较为落后的态势。尤其是西南部具有文化遗产传承的特色小镇,其主要的产业特色在于文化遗产与旅游业相结合,其他产业的欠发达制约了文旅等相关配套设施的完善,加之政府投入的匮乏,以致很多环境优美的小镇商业服务设施不完善、住宿功能欠缺、交通可达性差,成为特色小镇空间发展的制约因素。"他组织"下的政策发展加剧了差异化的明显,造成不同地区或同一地区不同位置空间发展的不均衡。

2.2.2 动力缺乏导致空间发展失衡

因"机制不协调"而导致的小镇特色提升不显著,由于相关机制不协调,特色小镇发展的各方力量动力性不足,从而导致空间发展特色塑造方面提升不明显。杨贵庆教授在《小城镇空间表象背后的动力因素》中提出了经济发展、新技术革命、社会理想追求是小城镇空间发展的主要推动力,为小城镇动力因素发展研究提供了新视角[142]。从特色小镇空间发展来看,其动力机制包含了外在动力与内生动力,外在动力机制主要集中在政府以及相关政策的推动作用,可以理解为"他组织"动力的作用;内生动力机制主要是特色小镇经济发展形成的市场需求,可以理解为"自组织"动力的作用。特色小镇产生之初多数是由于已有企业的转型升级需求而来,随着特色小镇相关政策的出台,外在动力主导特色小镇的发展。上述提到了政策失效性,从外在动力发展来看,政府及相关政策更多的是引导,规划特色小镇的发展空间。在特色小镇建设的过程中前期投入资金较大,而小镇培育期限往往较长,一般在10～15年不等,而回收期过长很难把控中间过程中资金短缺的问题,一旦资金短缺,特色小镇在未见到成效时便会出现如同"烂尾楼"似的"烂尾小镇"。外在动力机制主导的特色小镇空间发展,在外部条件不足以支撑小镇继续发展时,问题便会愈加凸显。

内生动力机制的缺乏成为制约特色小镇空间发展的主要因素。从小镇发展历程来看,发展之初的基本动力是农业发展和农产品商品率的提高,农业产生的部分剩余劳动力进城打工,部分在镇上从事富余农副产品交易、手工业等活动。随着改革开放,部分乡镇企业的发展,吸引大量农村剩余劳动力,使得小镇人口数量迅速增加。部分乡镇企业的聚集发展提高了人们对消费品的需求,从而带动了第三产业的发展,成为小镇发展的主要推动力量。在部分企业要求转型升级时,特色化发展成为企业的重要突破点,在原有产业基础上寻求产业发展的新动力,激发了特色小镇的大量产生。而这种内生动力机制一旦缺失,部分企业则会面临倒闭的风险。例如,部分房地产企业在特色小镇建设中,借机开启自己的特色小镇模式。以政府优惠土地配套政策取得土地,投资建设各类小镇,同时植入地产开发。部分房地产企业在惠州、深圳等打造科技小镇,吸引众多集团、工厂等企业的签约入驻,同时开发房地产相关的居住空间。这类外在动力机制主导的特色小镇在发展之初活力十足,如若企业的内生动力机制缺失,很容易造成企业的败落。同时,由于房地产企业对产业经营方面的不擅长,很容易造成两者的失衡,使其最终沦为徒有虚名的居住空间小镇。特色小镇由于人口规模的限制,发展空间相对有限,不容易形成内生的创业效应,通常还是依赖于城市近郊区,在城市辐射发展的半径内,需要外部的消费动力支撑。特色小镇的发展需要政府、企业、智库等多方资源的共同努力,"他组织"动力机制主导的特色小镇难以支撑其全过程的良性发展,政府及政策发展更多的要发挥其引导、推动的作用,过多的干预容易加剧内生动力机制欠缺,不利于特色小镇空间的发展。

2.2.3 要素制约导致空间发展失衡

特色小镇产业形态、生态环境、传统文化、设施服务、政策体制等的差异,引发空间发展的不均衡。特色小镇通常选取特色优势进行建设,相应的资源、政策等在此集中,使其成为突出点,往往忽略了其他要素的发展。政策性支持某一产业的发展,周围纷纷效仿跟进,容易造成单一产业的聚集,而忽视设施服务的配套发展,生态环境的建设,使得文化传承受到破坏等一系列的影响,从而导致空间发展的失衡。

特色小镇空间发展过程中受到各种要素的制约,诸多要素相互制约、相互关联。这种制约与关联是"他组织"与"自组织"共同作用的过程,当两者同向发展时,小镇空间发展趋于均衡化;当两者作用不均衡时,小镇空间发展趋于失衡化。从第一、二批全国特色小镇的评选来看,特色小镇空间发展虽然有规划设计,但是基本限于乡镇级的层面,对特色小镇空间规划而言缺乏适宜的原则与标准。目前来看,没有针对特色小镇的规划发展标准与设计方法,通常是照抄照搬大、中城市的规划设计,或者借鉴国外特色小镇的发展经验。在出现问题时,针对部分出现的问题提出相应的规划指导意见,但这些意见往往忽视诸多影响要素的作用,难以适用每座特色小镇的空间发展,从而产生空间发展不合理的问题。规划设计在一定程度上对特色小镇空间发展做出了一定的限制,但是由于"规划偏主观",很容易导致特色小镇空间发展的趋同化。同时,由于各地"资源不匹配",影响要素较多,特色小镇空间发展难以以一种统一的规划模式发展到底,如水资源缺乏的小镇,极力规划打造水乡特色小镇显然是不合时宜的。

2.3 CAS 理论为特色小镇空间发展提供新视角

基于上述研究,特色小镇政策失效、动力缺乏、要素制约等因素导致空间发展失衡等问题,从某种程度上阻碍了特色小镇空间的均衡化发展。需要我们构建一个系统来有效应对上述问题,此系统是"构成"还是"生成"? 通常顶层设计体现的是"构成"层面,大自然体现的是"生成"层面,目前多数正在运行的系统均为"生成",部分人工系统为"构成"。运转良好、可持续演进的人工巨系统往往融合了"构成"与"生成",然而,我们较多采用"构成"的模式来构建人工系统,主要源于系统论的演进过程[1]。

2.3.1 系统的"构成"与"生成"分析

(1)第一代系统论:"老三论"——控制论、信息论、一般系统论(20世纪50年代)。我们使用的互联网、手机、飞机等现代科技均源于"老三论"的研究成果。"老三论"中系统的主体是力学上的某个点、电子元件等,主体缺乏主动性、缺少个性和差异,常表现出被动、静态。"老三论"的系统更多体现"构成",虽然发展过程中元素更新、结构变得更为复杂,但是元素间存在较小差异、发展较为均衡,具有较强的自适应能力。"老三论"突出体现的是如何"构成"复杂系统。

(2)第二代系统论:"新三论"——耗散结构、突变论、协同学等(20世纪60年代)。"新三论"中系统主体元素是分子、原子、有机体等,子系统间存在相互作用。系统主体具有动态性、差异性,但缺乏对外部环境的自主观察以及适应性。"新三论"解决系统的突变、复杂性和不可预知性。

(3)第三代系统论:复杂适应系统理论(20世纪90年代)。CAS理论解决了构成系统的元素为原子、分子,但无生命、无差异,或虽有一定差异性,但无主动性等问题。复杂适应系统的主体具有适应性,能主动适应新环境,主体间存在较大差异性,相互作用构成"环境",存在"反馈"与涌现。系统是"生成"的,并非无限的生成,而是有边界的生成,称之为"受限生成"。

三代系统论主体具有的不同特征,表现出"构成"与"生成"的差别。三代系统论主要特征体现见表2-2。

1　参考仇保兴教授关于"互联网+监管"是"构成"还是"生成"——基于复杂适应系统理论视角的讲座等相关资料。

三代系统论的比较　　　　　　　　　　　　　　　　　　表 2-2

系统论	主体特征	系统体现
第一代系统论 （控制论、信息论、一般系统论）	主体缺乏主动性、缺少个性、差异，表现出被动、静态	突出体现的是如何"构成"
第二代系统论 （耗散结构、突变论、协同学等）	主体具有动态性，但缺乏对外部环境的自主观察以及适应性	解决系统的突变、复杂性和不可预知性
第三代系统论 （复杂适应系统理论 CAS）	主体间存在较大差异性，相互作用构成"环境"，存在"反馈"与涌现	系统是"生成"的，并非无限的生成，而是有边界的生成，称之为"受限生成"

2.3.2　融合的"生成论"与"构成论"

任何有生命力的系统都是"生成""自组织"与"构成""他组织"辩证统一的产物，是以"生成""自组织"为基础，加之"构成""他组织"。特色小镇空间发展应始于"自上而下"的规划设计（"构成"）与"自下而上"的创新实践（"生成"）两方面的融合。CAS 基于"生成"基础上加"构成"的思路，为特色小镇空间发展研究提供了创新的方法论。

（1）层次性。CAS 具有层次性，分为高层次与低层次，不同层次间存在区别与联系。低层次作为高层次的基础性结构，通过自创造涌现出高层次不具备的新特征。高层次吸收新特征，产生持续结构优化。一旦最低层次受到破坏，高层次结构功能也会严重受损，反之，则不然。

（2）演进性。高层次具有影响、控制低层次结构重新进行组织的能力，通过"向下控制"的能力，使低层次产生高层次所要求的行为、特征等。高层次通过激励、监督低层次的自创造、自组织，达到高层次认可的新目标要求，从而实现 CAS 从局部到整体的优化演进。

（3）不均衡性。CAS 系统层级中广泛存在着能量、信息等资源的不均匀分布，存在大量"自由能"。CAS 系统各层次相互学习、模仿、竞争、合作，高层次主动协调低层次的"自由能"重新分布，为他们进行结构重组创造条件。这意味着，CAS 系统的优化不一定需要大量外部资源的输入。大量不平衡资源的分布，使得不平衡重新进行分配，创造力涌现。

（4）涌现性。高层次对低层次的控制、引导能力主要是渐变，具有"他组织"特征，通过"自上而下"的作用实现，类似"构成"系统。低层次对高层次的作用则是"生成"为主，具有系统涌现特征，CAS 系统中层或低层通过系统涌现出新的特征。

任何新的系统必须基于"生成论"与"构成论"融合的基础上，一方面，系统具备优良的创新实践；另一方面，系统具备好的顶层设计。基于自然规律与发展规律基础上的实践，加之充分了解系统理论而制定出的合理政策、约束，从而最终演化为极具生命力的特色小镇空间发展 CAS 系统。

2.4　本章小结

通过OECD国家与我国特色小镇概况来看，产业形态、生态环境、文化传承、设施服务、政策体制成为发展的重点，政策及较好案例均是由城镇化发展的必然规律而产生，值得我们提前学习、预知，从而做好统筹规划。同时，我国与OECD国家特色小镇之间存在较大的差异，以致两者发展路径也迥然不同。我国特色小镇政策失效、动力缺乏、要素制约等导致空间发展失衡的问题，通过建立系统来解决小镇空间发展问题成为重要手段，深层次分析三代系统论"构成"抑或"生成"的演进过程，从CAS理论视角提供了"生成论"融合"构成论"的系统生成体系。引入CAS系统理论体系，为后续研究提供了相应的理论视角。

我国特色小镇历史悠久，文化遗产的可挖掘度较高，大多具有鲜明的地域特色，可识别度较高。同时，我国特色小镇空间发展过程中受到了工业发展所带来的城市蔓延和环境污染的挤压，其生态和人居空间环境都遭到了或多或少的破坏。如何既能发挥我国特色小镇的既有优势，又能避免不利因素的侵袭是值得研究的重要课题。复杂适应系统理论在"生成"基础上的"构成"思路，为特色小镇空间发展提供了崭新视角，发展过程中需要构建一个"生成论"融合"构成论"的系统来解决空间发展失衡的问题。本书将基于复杂适应系统的内涵、复杂性特征、复杂性演化分析，构建特色小镇空间发展系统，展开深入研究。

第 3 章　CAS 理论视角特色小镇空间发展系统构建

本章将通过CAS理论分析系统内涵、复杂性特征、复杂性演化，为复杂性认知提供系统学研究的方法，成为特色小镇空间发展系统研究的重要工具。通过比较分析第一、二批及调研的几十个特色小镇，提取关键性影响要素。依据复杂适应系统理论，构筑了产业发展、文化遗产、生态环境、空间发展相互作用的空间发展系统理论框架。依据特色小镇产业突出的聚集性、文化突出的多样性、生态突出的非线性与空间发展协同作用，构建产业聚集性、文化多样性、生态非线性空间发展系统。

3.1　特色小镇系统复杂适应性理论分析

3.1.1　特色小镇复杂适应系统内涵

20世纪80年代复杂性科学兴起，主要研究复杂系统及复杂性。复杂性作为客观事物的属性，与事物的简单性相对，是事物演化过程中表现出的普遍特性，是事物层次间的跨越[143]。霍兰教授于1944年提出复杂适应系统理论："聚集、非线性、流、多样性和标识、内部模型、积木，并提出具备这7个基本特点的系统是复杂适应系统[144]。"

（1）聚集。包含两层含义：一方面，是相似事物的分门别类；另一方面，是较为简单主体相互作用的聚集。通过聚集，相似特性的事物集中到一起，由较为简单的发展为高级的主体，主体再聚集几次，产生层次组织。就特色小镇而言，主体在空间上聚集形成小镇，人的聚集产生小镇新的功能，产业的聚集促成小镇的规模效应，文化遗产资源的聚集带来小镇的旅游发展等。

（2）非线性。数学中的线性函数表达的是线性关系，复杂适应系统理论中的主体间不是简单的单向关系，个体或者子系统属性发生变化或者相互作用时，并非线性关系。主体行为非线性的特点决定了小镇发展充满了非线性。

（3）流。流是CAS的一个重要特性，是系统间作用的传递，传递的速度影响系统的演化[145]。特色小镇内部存在流的特性，表现为系统间的流动。

（4）多样性。复杂适应系统理论主体不同，主体间差异的发展与扩大引起主体往不同方向的变化，主体适应环境变化过程中引起的分化，产生多样性。特色小镇具有不同的功能，每个小镇发展的过程不完全相同，产业特色、文化特色、生态特色等，这种多样性构成了特色小镇的结构体系。

（5）标识。标识是一个普遍性机制，通过标识来区分系统的特点，可以有效的实现相互选择[146]。特色小镇中不同部门间的工作有赖于部门的标识特性，通过调整资源标识来确定智能分工。

（6）内部模型。内部模型是系统间互动的规则，有隐式和显式内部模型，隐式内部模型靠显式内部模型来保障，显式内部模型靠隐式内部模型来实现[147]。特色小镇发展过程中的规划政策、制度、法规等往往是显式内部模型，小镇发展中的经验往往是隐式内部模型，指导主体行为更好的适应环境发展。

（7）积木。表现为可拆分的子系统，积木间互动形成更高层次的系统模型[148]。使用积木把一个复杂事物拆分成若干部分，或将若干部分组合成新的事物[149]。特色小镇发展中的产业发展、文化遗产、生态环境、空间发展都是其可拆分的子系统，如同系统的积木块，可以组合或者拆分。

特色小镇的主体具有主动性、适应性，在标识引导下聚集，主体间、主体与外部环境间进行非线性作用，涌现多样化的特征。小镇中的信息、能量等资源在主体间流动，运用内部模型机制对其发展进行预测、规划，适应环境改变。因此，特色小镇具有CAS的特性及机制，是一个复杂适应系统，复杂适应性见表3-1。

特色小镇系统的复杂适应性表　　　　　　　　　　　　　　　　表3-1

基本点	具体体现
聚集	主体在空间上聚集形成小镇，人的聚集产生小镇新的功能，产业的聚集促成小镇的规模效应，文化遗产资源的聚集带来小镇的旅游发展等

续表

基本点	具体体现
非线性	主体行为以及系统相互作用的非线性
流	能量、信息的交换与流动等
多样性	不断适应环境改变的结果
标识	区分系统的特点,可以有效实现相互选择,不同部门间的工作有赖于部门的标识特性,通过调整资源标识来确定智能分工
内部模型	有隐式和显式内部模型,规划政策、制度、法规等往往是显式内部模型;经验往往是隐式内部模型
积木	可拆分、可组合,例如产业发展、文化遗产、生态环境、空间发展都是系统中可拆分的子系统

具有复杂行为的系统,因其非线性结构,内、外部关系多而复杂,呈现多样性,系统由诸多子系统构成,复杂系统具有的 7 个基本点,同样存在于子系统中。基于复杂性科学的研究,复杂系统内部(子系统)相互作用很强,随着外界环境变化而变化,通过不断学习来适应其过程的改变。系统主体具有主动性,与环境发生作用,产生系统发展的动力机制。个体与环境间主动的相互作用造就 "适应性",从而产生 "复杂性"。特色小镇系统发展过程中表现出以下复杂特性:

(1)特色小镇系统具有开放性。对外存在物质与信息等方面的交换,这种交换必然影响系统改变,从而造成系统的复杂性。开放性使得小镇空间发展处在开放的环境下,系统的开放性是空间发展的重要特征,是空间复杂性的基本条件。因此,特色小镇的发展不是一个封闭的系统,研究不可忽视外界环境的影响。

(2)特色小镇系统具有非线性。其发展过程是非线性的。耗散结构理论指出系统内部诸多子系统间相互作用,这种非线性作用使系统演化具有多样性和不确定性,从而产生复杂性。当发展因素受到影响时,这种影响不仅仅作用于单一因素,往往产生联动效应,引起整个因素发生变化。非线性作用使特色小镇系统远离平衡态,表现出复杂特性。

(3)特色小镇系统具有不平衡性。主要表现在经济、社会、资源等方面。系统内部与外部存在不平衡性,耗散结构理论认为,系统远离平衡状态时,自组织能力使其形成不平衡的有序结构。特色小镇发展的不平衡性成为系统不断发展的动力,产生活跃的系统。

(4)特色小镇系统具有突变性。突变理论指出,过程、结构的 "不连续" 引起突变,有可预测的完全渐变,大部分可预测的表面渐变,最难预料的突跳式突变。特色小镇发展的多样性使我们难以预测特色小镇发展的过程,某些变量因素的改变都会引起突变发生的可能,同时存在渐变与突变的系统。

(5)特色小镇系统具有自组织性。我们往往忽视其自组织性,特色小镇发展之初,更多体现的是自组织发展过程。特色小镇系统在一个开放系统中,其发展具有非线性、不平衡性。协同学理论指出，流动不断存在于系统间，系统内部诸多子系统进行相互竞争、协同，自组织作用形成序参量，从而使发展从低级走向高级，从无序走向有序。

（6）特色小镇系统具有不确定性。特色小镇是一个混沌动力学系统，存在时间与空间的混沌，完全与有限的混沌，强与弱的混沌。这种混沌行为造就空间发展的不确定性。同时，特色小镇发展是诸多子系统相互作用的体系，受到各种因素的影响，使得我们难以精确的预测其发展规律，但不会因此否认其规律性的存在。

3.1.2 特色小镇空间发展的复杂性特征

（1）空间发展的外部空间特征

特色小镇外部空间发展呈现复杂特性，主要表现为自组织扩张与跳跃。城镇外部空间发展主要表现为扩张式发展，可分为同心圆式扩张发展、带状扩张发展、指状扩张发展。同心圆理论最早由E·W·伯吉斯（1923年）提出，以芝加哥为例，提供了图示的描述，城市一圈圈的蔓延，每圈层布置不同的功能[150]（图3-1）。我国城市发展中较为典型的如北京市的发展，由二环、三环、四环到五环、六环的扩张发展，这种扩张发展如同摊大饼似的，一圈圈向外部蔓延。

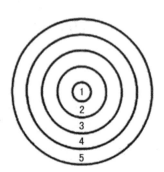

图3-1　伯吉斯同心圆理论图示

1—中心商业区；2—过渡地带；

3—自食其力的工人居住地带；

4—较好的居住地带；5—使用月票者居住地带

图片来源：许学强等. 城市地理学 [M]. 北京：高等教育

出版社，2009：58.

指状扩张发展最早由丹麦城镇规划协会提出，19世纪中后期，西方国家为快速恢复战争中破坏严重的城市，各国进行了大量的规划建设。丹麦政府对本国进行大规模的规划，对哥本哈根地区29个城镇提出区域发展的总体规划，形成酷似手形状的规划，便称为"手指规划"。这种空间发展的形式通常沿着交通线路形成指状体，逐渐增长蔓延发展，新的指状空间形成继续发展（图3-2）。特色小镇空间发展过程中亦呈现指状扩张形式，如江苏省泰州市溱潼镇的空间,基本趋于此形式扩张发展(图3-3)。

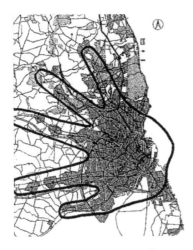

图3-2　哥本哈根"手指规划"图

图片来源:于晓萍,程建润. 哥本哈根
"指形规划"的启示[J].城市,2011(09):72。

图3-3　溱潼镇指状发展示意图

图片来源:溱潼镇政府规划。

　　带状扩张发展是指城市空间受到所在地区地理环境的影响,如河道、海岸线或者沿山地发展形成的带状空间。例如美国东海岸的波士顿到华盛顿,沿海城市基本是受到海岸线的影响,城镇空间呈带状扩张发展。特色小镇发展过程中受到山地、河流等因素的影响,小镇发展亦呈现带状扩张形式。如浙江龙泉中国青瓷小镇,山水资源丰富,但同时也受限于山地环境的影响,小镇主要沿山水环境呈现出带状发展的形式(图3-4)。较为典型的带状形态,还有如江苏省常州市、山东省青岛市的沿海岸、甘肃省兰州市的黄河谷地等小镇空间发展。

图3-4　中国青瓷小镇总平面图

图片来源:浙江南方建筑设计有限公司。

　　城镇发展是一个有机体,当城镇不断发展,其外部空间如若不停的扩张发展,可能会带来周围生态环境的破坏。像同心圆式的扩张发展,城镇如同"摊大饼"似的不断发展,中心城区会逐步衰落,城镇的整体效率会逐渐下降。带状扩张发展对主干道交通压力很大,如调研中发现的某市,高峰时段道路拥堵现象十分严重,东西向较长的空间发展形式,加剧了城镇发展的不平衡。

特色小镇规模相对较小,但其发展过程中同样具有上述城镇发展的自组织扩张表现形式,当小镇所处环境条件较为均匀时,外部空间往往以同心圆式扩张发展。当小镇地理空间或者交通环境条件差异较大时,小镇空间通常沿交通或者地理空间较为顺畅的方向扩张发展。若存在多个优势条件,则呈现指状扩张发展的形式;若其中一条优势较为突出时,则呈现带状扩张发展的形式。上述三种形式的发展往往交替进行,使得小镇外部空间发展呈现更为复杂的自组织形态。

城镇不断扩张发展过程中,往往会有部分活跃因子从原有城镇中跳跃出来,在一定的产业、文化、服务上承担部分职能,发展成为极具部分特色的小镇,通常它们与主城镇的发展关系较为紧密。这些跳跃出来的特色小镇难以用同心圆或者指状、带状的形式来界定,它们如同散落的点分布在主城镇的近郊区。离中心城区较近的小镇,大规模发展的可能性较大;离中心城区较远的小镇,聚集大量规模人口的可能性较小。中心城区与周边特色小镇的相互作用,使得空间发展呈现出"混沌"的自组织"跨越"态势[151]。特色小镇外部空间发展常常伴随跳跃式发展,甚至形成新的小镇空间,使小镇外部空间发展呈现复杂性。

（2）空间发展的内部空间特征

特色小镇内部空间发展的复杂特性,集中表现为内部空间的聚集与替代,具体体现为自我复制与聚集的空间类型,并进行转化与重新组合。

特色小镇内部空间具有自我复制与功能聚集的特征,功能相同的空间通常具有聚集效应,从小范围的空间聚集到大面积的空间,直到空间的发展受到限制。这种空间规模的扩大,会带来成本的降低,生产率的提高。例如特色小镇街区的美食广场,各种小吃会聚集到相对集中的空间里,形成一定规模,吸引大量的客流。从表面上看,各类小吃的聚集势必引发竞争,但总体空间的聚集还是吸引了更多人流,给此类空间带来更多的经济效益。

特色小镇内部空间发展类型具有转化与重新组合的特征,例如商业性空间替代居住性空间、工厂性空间等,这种内部空间的替代往往与地价相关。特色小镇最初作为居住用途的空间,由于人口的聚集,部分商业场所成为生活的重要需求。商业在发展中逐步扩大规模,取代部分居住功能的空间,逐渐形成商业发展的中心地带。商业的发展带动了周围地价的提升,附近居住空间的价值也随之上涨。这种小镇空间发展的替代以及土地效益的发展产生不同的地价,地价的高低往往与其所处位置、基础设施配套、相关政策因素等相关。地价因素如同协同学中的序参量,与其不相适应的土地使用性质与空间功能会发生改变与替代。

3.1.3 特色小镇空间发展的复杂性演化

从上述研究来看,特色小镇包含诸多子系统,均具有CAS的七个基本点。作为特色小镇的物质载体——空间发展子系统同样具有系统的基本特性。特色小镇空间发展过程中与其他子系统不断发生内、外部相互作用,寻求适应性发展的过程造就了特色小镇发展的复杂性。

（1）复杂性演化过程——渐变与突变

吴彤教授在《自组织方法论研究》一书中提到突变论是研究演化途径的方法论[152]。通常人们把缓慢发生的变化认为是渐变,突然发生的变化认为是突变。渐变与突变的本质区别不在于变化率的大小,而是其临界区域有没有"不连续"的存在,渐变属于连续性的范畴,而突变属于间断性的范畴[153]。数学家R·托姆[法]在突变论论述中,通过图示为我们形象地解释了突变问题[154]。如图3-5所示,aa'运动轨迹呈现出渐变的演化,从图上看没有太明显的变化,基本可以预测路径的变化,我们称之为完全渐变;bb'运动中经过临界区,从表面上看好像是渐变,但实际上系统的某种性质发生了突变,可以预测大部分路径,但无法预测部分结构点,我们称之为一般渐变。cc'运动轨迹出现了突然的变化,发生了间断性突跳,有些路径可以预测,而绝大部分路径无法预测,我们称之为突跳式突变[155]。

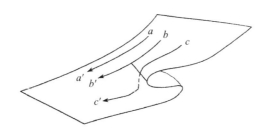

图3-5 尖点突变三种路径结构图

图片来源:吴彤.自组织方法论研究[M].北京:清华大学出版社,2001:74.

复杂适应系统理论认为,渐变与突变同时存在于演化中,渐变中存在突变,突变中存在渐变,两者是统一演变体。从整体的观念出发,提出演化的可能路径,根据条件判断最为接近的可能路径,根据变化情况推测有无突变点或区域,了解什么情况下可能出现突变,从而把握演化的全过程。

特色小镇发展的渐变与突变表现为两者的统一,从时间参数上来看,表现为小镇发展的速度,速度是不同增长模式的重要选择参数。小镇发展的速度达到一定临界值时,原本与速度相匹配的空间发展就会变得不是特别合理。在城镇发展过程中,当城镇人口年均增长率超过3%,维持持续增长超过25年的时候,往往会出现拐点,城镇发展速度越快,运行成本就越高[156]。超过这一拐点时，城镇"外溢"发展的增长模式就会转向新的发展模式——"跨越"式发展。例如，北京市人口增长超过3%时，城市交通、成本、发展等问题会凸显，"外溢"发展的增长模式应对作用就显得微乎其微。我国由此提出了城市副中心的发展方案，作为承接新首都功能的城市副中心——通州，实现了"跨越"式发展，使得行政中心东移，实现各区域的合作共享发展。

从空间参数上来看，体现在特色小镇空间结构形式上，小镇空间结构适应度与小镇发展速度相对应。特色小镇增长模式渐变发展时，小镇空间结构形式表现为渐进式发展。当空间结构发展超出承载范围时，一方面原有结构系统衰败走向无序，另一方面或许会突变产生新的空间形式适应发展需求。如上所述的空间发展不足以适应"外溢"增长模式的需求时，小镇会凸显各种问题；当实现"跨越"式结构应对时，小镇空间发展会展现新的活力。

特色小镇空间发展过程中，其空间形式并非一成不变的，而是在小镇发展过程中不断演化，承接小镇新功能的转变。特色小镇空间发展制约着小镇功能的发展，小镇功能又在不断变化过程中作用于小镇空间结构形式。当特色小镇功能改变时，小镇空间结构形式不足以适应功能发展时，调整空间结构形式来适应新的小镇功能，两者的互动作用通过复杂适应系统理论的涨落达到有序。特色小镇空间发展的突变孕育新的发展生机，渐变使其逐渐稳定发展，是渐变和突变统一的演化过程。

（2）复杂性演化路径——混沌与有序

20世纪中叶以后产生了混沌理论，是具有严格确定性和线性决定论的理论。混沌理论研究混沌动力学系统，揭示自然界和社会中存在的混沌，让人们对混沌有了全新的认识。混沌并不是我们所说的无序，产生混沌的方法是确定的，但我们无法描述其结果。无序产生的过程是无法描述的，但能够确定描述其结果[157]。混沌理论研究的是无序中的有序，揭示了两者的统一，是复杂适应系统理论的重要支撑之一（图3-6）。

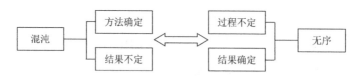

图3-6 混沌与有序区别图

特色小镇系统表现出混沌性，主要存在其边缘，混沌边缘表现出稳定与不稳定共存，混沌与有序是两个极端，特色小镇空间发展在两者之间徘徊。趋于到达稳定性的地方，小镇空间发展便呈现有序的态势；处在不稳定性的地方，小镇空间发展往往表现为较为复杂的多样化发展，甚至产生涌现。过于有序的特色小镇空间发展缺乏活力，如若认为城市是居住的机器，特色小镇空间发展如同机器一般，由此带来的是多样化的缺失。太过于多样化的发展,特色小镇空间发展会变得杂乱无章,带来功能结构的无序化结果。特色小镇空间发展是多样化的有序统一,了解混沌边缘使得特色小镇空间发展在混沌与有序中保持平衡发展。

（3）复杂性演化方式——循环与进化

20世纪中后期,德国科学家艾根创立了超循环理论,研究分子生物进化的自组织理论,具体指生命起源过程中,化学分子和生物大分子的自组织机理[158]。超循环是组织层次从低级到高级,再到更高级的过程,循环套循环再套循环。超循环是一种非线性作用,具有自我复制、自适应、自进化的功能。这种组织形式,为我们提供了演化的思想方式。

超循环理论有一个重要的概念——进化,吴彤教授在《自组织方法论研究》书中形象地解释了循环进化的原理,两个实体的超循环圈演化过程中,在遇到随机性的涨落作用下,会产生突变体,暂时性的加入到两实体的循环圈,出现三实体的超循环。如若外部条件不利,三实体超循环圈会瓦解回到两实体超循环圈;如若外部条件有利,两实体超循环圈会循环进化形成巩固稳定的三实体超循环圈。复杂适应系统进化的过程不仅仅局限于两实体、三实体的循环,往往是多实体的超循环。循环进化原理如图3-7所示。

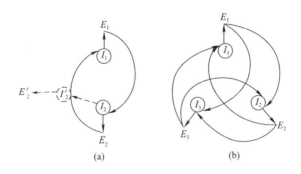

图 3-7　循环进化原理图

（a）出现了 I_2 的突变体 I_2'；（b）此突变体现在并入了此循环环中（I_3）

图片来源:吴彤.自组织方法论研究[M].北京:清华大学出版社,2001:90.

特色小镇空间发展是一个非线性的过程,功能相同的空间发展通常是自催化的增殖过程,类似的功能空间聚集到一起,从小范围的聚集,到大范围的聚集,直到限制的边界。空间产生不同的作用,通常催化不同功能空间的效应,像笔者调研的杭州基金小镇,相同基金产业的聚集,带来对居住功能的需求,居住空间的发展催化居住用地的增值。居住功能的空间引发对于基础配套设施的需求,此类服务空间的发展引发商业用地的增值,商业用地的增长引发对于道路交通的可达性发展。这种类似的循环不是简单地表现为两实体或者三实体的循环,往往是复杂的超循环链群,不同规模的循环进化引发复杂特性,人为地去建造循环的关联、发展,往往起不到好的作用,但在特色小镇发展过程中我们可以发现超循环的入口,引导系统自发、主动进入超循环中,有助于系统的复杂性演化。

3.2 特色小镇空间发展复杂系统构建

3.2.1 特色小镇空间发展关键要素解析

通过本书第2章对特色小镇空间发展问题的解析来看,市场经济国家城镇化起步较早,而且形成了不同的发展特征,这些国家在小镇建设中积累了很多经验和教训,尤其是内生动力、产业集群化、文化遗产传承、生态环境可持续等发展成为小镇发展的重要因素,为我国特色小镇发展提供了借鉴。

截止到2018年,我国评选出第一、二批共403个特色小镇,比较分析我国第一、二批特色小镇发展情况,在此基础上进行相关实地调研,将评选标准与实地调研相结合,探究影响我国特色小镇空间发展的关键要素。结合复杂适应系统理论构建特色小镇空间发展系统体系,从而指导小镇空间发展的研究。

1. 第一、二批特色小镇评选分析

住房和城乡建设部、国家发展改革委、财政部于2016年10月公布了第一批127个中国特色小镇培育名单,于2017年8月公布了第二批276个中国特色小镇培育名单。

国家级特色小镇的评选由部委到地方组织、职责明确,分级落实具体评选工作(图3-8)。搜集第一、二批特色小镇相关评选指标、图纸、信息等资料,选取与本书相关的数据

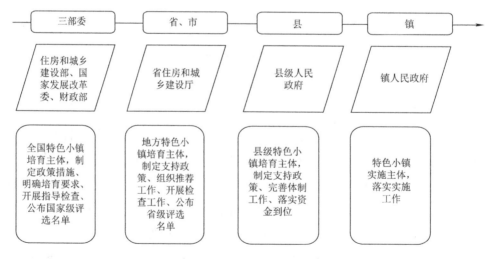

图 3-8 国家级特色小镇培育组织示意图

进行归纳整理(部分相关数据见附录A)。第一、二批特色小镇均采用相同的评选标准和程序,研究依据,评选的标准,包括总体概况、经济概况、产业概况、建设概况等,采用归纳分析与空间聚类的分割法来具体分析第一、二批特色小镇评选情况。比较分析特色小镇相关评选的指标,获取影响空间发展的关键要素。

(1)总体概况

1)数量分布

从数量分布来看,我国第一、二批特色小镇遍布全国31个省、市、自治区和新疆生产建设兵团,数量较多的集中在浙江、江苏、山东,最少的是新疆生产建设兵团,大部分省份特色小镇数量为5~10个(表3-2)。

第一、二批特色小镇各省数量表　　　　表3-2

第一批特色小镇数量				第二批特色小镇数量			
省(市、自治区)	个数	省(市、自治区)	个数	省(市、自治区)	个数	省(市、自治区)	个数
北京市	3	湖北省	5	北京市	4	湖北省	11
天津市	2	湖南省	5	天津市	3	湖南省	11
河北省	4	广东省	6	河北省	8	广东省	14
山西省	3	广西壮族自治区	4	山西省	9	广西壮族自治区	10
内蒙古自治区	3	海南省	2	内蒙古自治区	9	海南省	5
辽宁省	4	重庆市	4	辽宁省	9	重庆市	9
吉林省	3	四川省	7	吉林省	6	四川省	13
黑龙江省	3	贵州省	5	黑龙江省	8	贵州省	10
上海市	3	云南省	3	上海市	6	云南省	10
江苏省	7	西藏自治区	2	江苏省	15	西藏自治区	5
浙江省	8	陕西省	5	浙江省	15	陕西省	9
安徽省	5	甘肃省	4	安徽省	10	甘肃省	5
福建省	5	青海省	2	福建省	9	青海省	4
江西省	4	宁夏回族自治区	2	江西省	8	宁夏回族自治区	5
山东省	7	新疆维吾尔自治区	3	山东省	15	新疆维吾尔自治区	7
河南省	4	新疆生产建设兵团	1	河南省	11	新疆生产建设兵团	3

表格来源:根据第一、第二批中国特色小镇资料统计绘制。

2)地形分布

从地形分布来看,评选标准设定了山区、平原、丘陵三大地形。分析评选资料,第一批特色小镇中平原地形占32%,丘陵地形占33%,山区地形占33%,三种地形基本持平的比例分布。第二批特色小镇中平原地形占的比例最大,达到40%,丘陵地形占33%,山区地形占25%。第一、二批特色小镇中三种地形分布基本均衡,如图3-9所示。

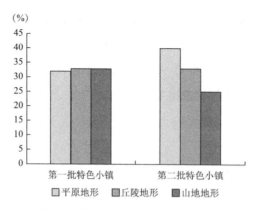

图3-9 第一、二批特色小镇地形分布图

资料来源:根据第一、第二批中国特色小镇评选资料绘制。

3)区位分布

从区位分布来看,设定了大城市近郊、远郊区、农业地区三大区位。第一批特色小镇大城市近郊占28%,远郊区占27%,农业地区占45%。第二批特色小镇大城市近郊占30%,远郊区占21%,农业地区占49%。第二批特色小镇中农业地区占比提高,远郊区小镇占比减少,有利于特色小镇的生成(图3-10)。

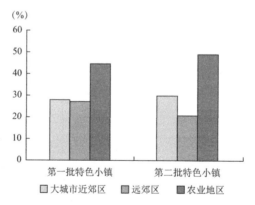

图3-10 第一、二批特色小镇区位分布图

资料来源:根据第一、第二批中国特色小镇评选资料绘制。

4)获得称号

从获得称号来看,评选标准设定了国家级、省级称号两类。国家级称号包含:全国重点镇,中国历史文化名镇,全国特色景观旅游名镇,美丽宜居小镇,国家园林城镇,全国环境优美乡镇,国家发展改革委新型城镇化试点镇,财政部、住房和城乡建设部建制镇试点示范,其他。省级称号包含:省级重点镇、中心镇、示范镇,省级卫生乡镇,省级美丽宜居镇,其他;镇域内是否有传统村落;镇域内是否有美丽宜居村庄/美丽乡村;其他。第一批127个特色小镇获得国家级称号的达到122项,其中全国重点镇89个,全国特色景观旅游名镇

34个,中国历史文化名镇35个,全国美丽宜居小镇20个,财政部、住房和城乡建设部建制镇试点示范14个。第二批276个特色小镇获得国家级称号达到331项,其中全国重点镇160个,全国特色景观旅游名镇35个,中国历史文化名镇35个,国家新型城镇化试点镇35个,全国美丽宜居小镇52个,财政部、住房和城乡建设部建制镇试点示范14个(图3-11)。第一、二批特色小镇多为全国重点镇,具有良好的历史文化基础,旅游发展条件较好。

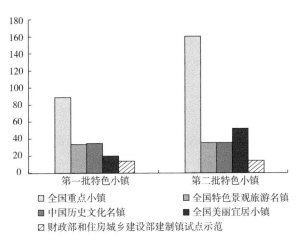

图 3-11　第一、二批特色小镇获得国家级称号统计图

资料来源:根据第一、第二批中国特色小镇评选资料绘制。

5)文化传播

从非物质文化遗产(国家级、省级、市级、县级),地域特色文化(民俗活动、特色餐饮、民间技艺、民间戏曲、其他特色),文化活动中心/场所(处),举办居民文化活动类型及文化传播手段(广播电视、网站、微信、短信、其他)进行评价。第一批特色小镇中拥有非物质文化遗产传承称号的国家级33个,省级64个,市级62个。第二批特色小镇国家级传承104个,省级传承158个,市级传承175个(图3-12)。第一、二批特色小镇多有良好的非物质文化遗产传承。

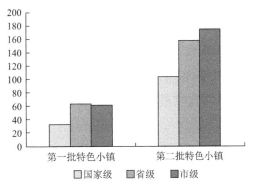

图 3-12　第一、二批特色小镇非物质文化遗产统计图

资料来源:根据第一、第二批中国特色小镇评选资料绘制。

（2）经济概况

1）镇所属县GDP

整理第一、二批特色小镇镇所属县GDP数值，采用空间聚类分析中的分割法研究GDP分布情况。通过分布来看，两批特色小镇在北京、上海、广东产出较高，也有一些中、西部较为偏远的地区GDP产出较高，像内蒙古鄂尔多斯市的罕台镇GDP 424亿元，这些小镇基础条件较好。GDP产出较小的山南市扎囊县桑耶镇GDP以90万元入选了第一批特色小镇，阿里地区普兰县巴嘎乡入选了第二批特色小镇，可见第一、二批特色小镇评选并未将GDP作为评价的主要标准。从地区差异来看，东部有经济强镇也有弱镇，中、西部亦是如此。

2）公共财政收入

整理第一、二批特色小镇公共财政收入数值，采用空间聚类分析中的分割法进行比较分析，第一、二批特色小镇均存在较大差异。第一批特色小镇中公共财政收入最高的河南省许昌市禹州市神垕镇在512.38万元，西藏自治区山南市扎囊县桑耶镇只有30万元。第二批特色小镇中公共财政收入最高的嘉定区安亭镇140亿元，最低的衢州市江山市廿八都镇只有156万元。尽管公共财政收入差距较大，但是从地域分布来看，东部有财政强镇也有弱镇，中、西部亦是如此，与地域分布关系不大。

（3）产业概况

1）产业类型

通过产业类型来看，评选标准主要划分了商贸流通型、工业发展型、农业服务型、旅游发展型、历史文化型、民族聚居型和其他七种类型。运用空间分布分析第一、二批特色小镇产业类型、属性，第一批特色小镇多以旅游发展型为主，占到了60%，其次是历史文化型。在第二批特色小镇评选中强调控制这两个类型的比例，两者比例较第一批特色小镇有所降低，但旅游发展型仍然占比最多，达到54%，农业服务型、商贸流通型、工业发展型占比相对有所增长。采用空间聚类分析不同地域产业类型归属情况，从空间分布来看，以商贸流通型、旅游发展型、农业服务型为主，长三角经济发达地区多为工业发展型，历史文化型分布南多北少，西部、西南少数民族地区主要为民族聚居型。很多小镇兼具工业服务型、商贸流通型、农业服务型、旅游发展型等多种类型特征，部分特色小镇也出现了陶瓷小镇、木雕小镇、丝绸小镇等其他类型小镇，尤其是第二批特色小镇类型比第一批更加丰富。

2）主导产业

主要将三年内主导产业类型、数量、投资额、产值、吸纳就业人数、主导产品品牌、荣誉等进行评价。就两批特色小镇评选结果来看，主导产业价值突出的是其特色产业，主导产业突出的小镇吸纳就业人口数量较多。

（4）建设概况

1）人口规模

从镇域人口来看，第一批特色小镇镇域人口平均规模在5.6万人，镇区人口平均规模在2.8万人。镇区人口规模最大的是贵州省遵义市仁怀市茅台镇，常住人口21.5万人，镇区人口规模最小的甘肃省武威市凉州区清源镇，常住人口500人。第二批特色小镇镇域人口平均规模在5.6万人，镇区人口平均规模在2.6万人，镇区常住人口通常不过镇域常住人口的半数。镇区人口规模最大的是泰州市泰兴市黄桥镇，常住人口15.69万人，镇区人口规模最小的西藏阿里地区普兰县巴嘎乡，常住人口只有652人。由此可见，第一、二批特色小镇镇域人口平均规模相当。

2）建成区面积

从特色小镇建成区面积来看，第一、二批特色小镇的镇建成面积较大的集中在长三角、珠三角、山东省，而中部地区相对较小。第一批特色小镇建成区面积最大的是天津市滨海新区中塘镇56km²，最小的是北京市密云区古北口镇2.24km²。第二批特色小镇建成区面积最大的是佛山市南海区西樵镇6316km²，最小的是新疆维吾尔自治区博州精河县托里镇0.78km²。

3）规划编制

从特色小镇规划编制来看，第一、二批特色小镇均有规划编制。大部分镇规划都有镇区风貌塑造、建设高度、建设强度、近期实施项目等的控制要求，但从镇总体规划质量来看水平较低。

4）基础设施

从基础设施评选指标来看，第一、二批特色小镇都有二级以上公路，自来水卫生达标率接近100%，生活垃圾均达到无害化处理，宽带入户率达到80%左右，配建有街头小公园、绿地等。

从第2章分析来看，OECD国家特色小镇发展为我国提供了良好的借鉴。从我国第一、二批特色小镇评选指标来看，主要从总体概况（数量分布、地形分布、区位分布、获得称号、文化传播）、经济概况（镇所属县GDP、公共财政收入）、产业概况（产业类型、主导产业）、建设概况（人口规模、建成区面积、规划编制、基础设施）等方面进行评价，特色小镇评选主要关注总体、经济、产业、建设情况。从评选的结果来看，特色小镇主要集中在浙江、江苏、山东、北京、上海等地，产业发展突出吸纳的小镇人口居多，均具有良好的文化遗产传承并在此基础上开展相应的旅游文化发展，多为生态环境资源良好的区域，具有相应的规划编制，较为完善的基础设施，满足居民生活需求。特色小镇人口规模相当，镇所属县GDP、公共财政收入与地域关系不大，并未成为小镇评选的主要标准。

2. 空间发展关键要素分析

从上述比较分析来看,小镇特色主要集中表现为产业、文化、生态等方面,笔者近年内先后调研了浙江、江苏、山东、北京、上海等几十个较为典型的特色小镇(表3-3)。通过实地调研(具体调研时间、方法、对象、目的等详见附录B),现场了解不同地区特色小镇的建

特色小镇调研部分列表　　　　　　　　　　　　　　　　　表3-3

城市	调研特色小镇
北京	古北口镇、长沟镇、雁栖镇、长子营镇
上海	枫泾镇、车墩镇、朱家角镇、吴泾镇
杭州	梦想小镇、基金小镇、云栖小镇、良渚文化村
嘉兴	乌镇
苏州	甪直镇、震泽镇、黎里古镇
无锡	丁蜀镇、鸿山物联网小镇、太湖影视小镇、苏绣小镇
常州	东沙湖基金小镇、昆山智谷小镇、智能传感小镇、拈花湾
南京	桠溪镇、高淳国瓷小镇、未来网络小镇
南通	海门足球小镇、吕四仙渔小镇
徐州	沙集电商小镇、宿迁电商筑梦小镇
郑州	石佛镇、太平镇
济南	玉皇庙镇
威海	崮山镇
潍坊	地理信息小镇
景德镇	瑶里镇
海口	博鳌镇、云龙镇
黄山	宏村镇
遵义	茅台镇

设情况,主要采取了现场观察法、询问法等。参与实际项目中根据需要,部分小镇采用与开发商、政府部门座谈,到各小镇现场访谈、发放调查问卷等,详细了解小镇的实际建设,如潍坊项目中文化旅游情况,天津市生态城项目中居民居住现状及居住需求,济南市钢城区项目中生态环境情况等(详见附录C、D、E)。通过多种形式获取第一手资料,对不同特色进行归纳整理,从整体层面来看,运转较为良好的特色小镇,往往具有良好的生态环境,居住条件较好,具备完善的基础设施,交通较为便捷等条件。从具体层面来说,政府所关注的方面主要包括产业发展、公共财政收入、基础设施、建设空间匹配、生态环境、文化遗产保护等方面。居民关注点包括就业、医疗、卫生、教育、文化休闲场所和居住环境等,特色小镇在生活配套服务设施方面较为良好,基本满足了居民的生活所需。开发建设单位主要关

注人口集聚、产业发展、土地成本及房地产价格、政府财政承受能力等。结合实际项目对特色小镇多方面展开调研，发现规划过程中大多以空间规划为出发点，对于产业、文化、生态等内容虽有涉及，但基本未进行深入研究，或存在相关研究与实际相脱节的现象，以致部分特色小镇后期空间建设与前期研究论证存在较大差异，不同层面诸多要素详见图3-13。

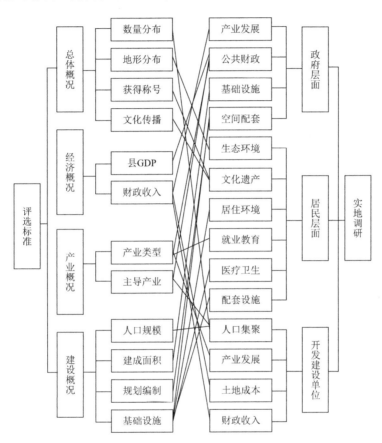

图 3-13　特色小镇关键要素分析图

综上所述，通过对政府层面评选案例数据的分析归纳、不同特色实地调研案例分析、实际项目中各部门现场座谈等研究，可见影响特色小镇发展的因素较多。利用质性研究方法[159]排除影响较小的或者关系不大的因素，筛选其中较为关键的因素，归纳总结出现频率较高者为产业发展、文化遗产、生态环境三个要素。空间发展作为特色小镇的物质载体，与此三个要素存在着紧密关联，成为重要研究对象。同时，空间发展还受到交通基础设施、公共配套等因素的影响，但从其评选以及调研情况来看，这些因素基本属于空间发展的子系统，故不再进行单独研究。

CAS理论认为，系统间相互作用，是一个复合体，一个集合对象中至少有两个可区分的对象，所有对象按照可辨认的方式联系在一起，就称为一个系统，集合中的对象是系统的组成部分,成为系统的元素或要素[160]。特色小镇复杂适应系统,根据系统的积木机制,可以拆分为子系统,或者由各子系统组成。通过上述对于我国第一、二批特色小镇的分析、实地调研、实际参与项目情况来看,产业发展、文化遗产、生态环境是特色小镇的关键性要素,对空间发展有着重要的影响,空间发展同时作用于三个子系统。产业发展是核心,起着动力系统的作用;文化遗产是灵魂,起着精神系统的作用;生态环境是底色,起着保障系统的作用;空间发展是载体,起着承载系统的作用(图3-14)。

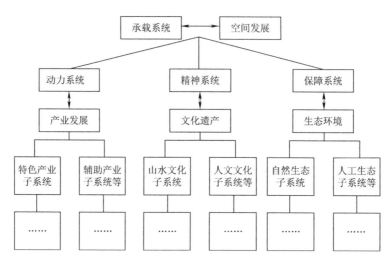

图 3-14　特色小镇关键子系统示意图

3.2.2　特色小镇空间发展的作用机制

特色小镇空间发展的作用机制包含了系统的组织及作用,组织包含"他组织"与"自组织",作用包含"竞争"与"协同"。

(1)空间发展的组织

组织包含"自组织"与"他组织",是事物朝有序、结构化方向的演化过程。哈肯指出,"如果系统在获得空间、时间或功能的结构过程中,没有外界的特定干扰,则系统是自组织的"[161]。"自组织"是指"无需外界特定指令而能自行组织、自行创生、自行演化、能够自主地从无序走向有序,形成有结构的系统"[162]。"他组织"是一种外部动力驱动的,非自身自发、自主发展的过程或结果。相对"自组织"而言,其组织者与被组织者无明确的划分,诸多因子相互作用,难以区分谁组织了系统。而"他组织",可以较为清楚地区分组织者与被组织者,在特色小镇发展中较为明确的他组织者是政府主导者,更多体现的是"构成",自组织更多体现的是"生成"。

特色小镇的出现源于"自组织"的过程,具有自发性,后经政策性推广在全国迅速展开。"他组织"作为发展的主要动力机制,在小镇发展之初起到了显著成效,然而,仅注重"他组织"之手,往往会忽略小镇发展过程中的"自组织"作用,从而使得小镇发展过程中内生动力机制的缺乏逐渐显现,出现诸多问题。因此,认识到特色小镇"自组织"动力机制的重要性显得尤为关键。

特色小镇空间发展具有自组织性,这种复杂性并不是说小镇空间发展无规律可循,小镇空间发展有其自身的规律和隐秩序,并作为一种隐藏的动力机制而存在。自组织动力机制可以从我们历代城镇发展的过程中寻觅其踪迹,为我们现代城镇的发展提供依据。从城镇出现、形成、发展的过程来看,在没有规划管控的条件下,人们根据自身的生活需求,自主建造生存所需要的空间,这种空间发展往往借助于现有的资源优势,并且追求自身利益的最大化。这种自发的行为根据周边的位置、环境、资源、大小等因素不断地调节、适应,经过一个相当漫长的过程,逐渐发展成为一种较为合理的城镇空间格局。

特色小镇空间发展的过程受到各种因素的制约,从小镇发展的历程来看有社会、经济、土地、资源、环境、人口等方面的制约。小镇空间发展中诸多因子相互制约、相互关联,这种制约与关联是"他组织"与"自组织"共同作用的过程。当两者同向发展时,小镇发展动力趋于均衡化;当两者作用不均衡时,小镇发展动力趋于失衡化。"自上而下"与"自下而上"同向发展的组织机制成为特色小镇空间发展的有效组织机制。

（2）空间发展的作用

特色小镇空间发展的作用包含竞争与协同,"协同是系统整体性的表现,狭义上体现合作,与竞争相对;从广义上来看,包含合作与竞争,是系统竞争演化的表现"[163]。协同学理论认为:各子系统间的竞争与协同是系统演化的动力。这种竞争使系统处于非平衡状态,这种非平衡成为系统发展的必要条件,各子系统之间的协同使得某些运动聚集并趋于强大,形成序参量,支配系统的整体演化。

特色小镇系统内、系统间的差异引发系统的不平衡,成为系统竞争的基础。由于系统获取信息、能量的差异,不同系统对外部环境的适应性不同,必然会产生竞争。竞争的存在和结果使差异性增强,不平衡性凸显。系统演化过程中,竞争使得系统远离平衡,推动系统演化为有序的结构[164]。

特色小镇系统演化过程包含竞争与协同,竞争引发失稳,协同促进稳定。整体的失稳,可能会导致系统的完全消失;整体的稳定,会导致系统维持现状,没有新的发展。稳定使系统状态得以保持,失稳使系统得以发展,在系统演化过程中竞争与协同,失稳与稳定使系统内部、系统之间相互作用不断发展[165]。

3.2.3 特色小镇空间发展的协同机制

从特色小镇空间发展的组织来看,"他组织"与"自组织"同向发展组织促进小镇空间的稳步发展。特色小镇空间发展的作用主要包括竞争与协同作用,此协同是系统整体性的表现,既包含合作也包含竞争。特色小镇空间发展系统在作用机制下趋于稳定,并不断向前发展。

当特色小镇产业发展不断寻求新的转型升级,产业由二产向三产转变时,其相应的空间发展也逐步转变为符合产业需求的空间结构。例如,上海市松江区车墩镇是上海西部区域重要的先进制造业基地之一,当小镇发展由二产为主导转向三产发展为主导时,利用已有良好的产业基础,打造创意园区成立车墩影视基地,同时明确空间形态定位,确立了集生活商业区、高新技术园区、现代服务业功能区、郊野公园现代生态休闲区、南部新城规划区五大功能布局区,小镇空间发展转型升级匹配产业发展需求。

当特色小镇文化遗产保存良好,具有历史价值凸显的建筑群体、历史街区时,文化遗产可作为小镇空间的重要节点,对于小镇空间的丰富与提升起到积极的作用。例如,江苏省苏州市甪直小镇,处于长三角核心区域,有着与苏州古城同龄的历史,历史文化、宗教文化、农耕文化深厚,并注重历史文化遗存的保护再利用。小镇内的老宅、古桥、驳岸、街区等传统建筑遗存给小镇发展带来独特的景观,成为小镇空间发展的特色元素,并成功入选全国第一批特色小镇。

当特色小镇生态环境优美、水流潺潺、绿植丰富时,可提升小镇空间发展质量以及小镇竞争力。例如,浔龙河生态小镇位于长沙市三环附近,浔龙河、金井河多条水系交汇,水秀山灵。利用其优美的生态环境打造云田谷、牧歌山生态园,为小镇提供良好的生态涵养空间,形成极具特色的近郊旅游度假区。

同时,良好的空间发展对于产业聚集、文化的多样性重塑、生态环境的非线性发展也影响巨大。一个空间发展良好的特色小镇,基础设施完善、公共产品配套齐全,对于吸引人才,形成更加完善的产业集群提供基本条件。一个空间构成层次多样性的小镇,可以为文化遗产传承留出足够的缓冲发展区域。空间发展应当充分考虑小镇生态环境条件,并因行就势,维护小镇特有的生态环境。

特色小镇是开放的系统,系统的发展存在不平衡性,这种不平衡使系统演化具有多样性、不确定性,具有发展突变的可能,系统间的相互作用呈现非线性发展,因此研究系统间的相互作用显得更为复杂。在分析产业发展、文化遗产、生态环境与空间发展相互作用的过程中可以发现,空间发展子系统作为特色小镇发展的载体,与产业发展、文化遗产、生态环境均存在相互作用。以下采用图示的方式表达特色小镇子系统的相互作用机制(图3-15)。

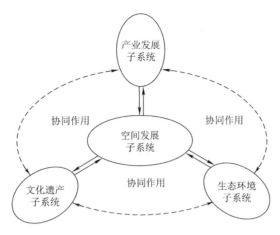

图3-15 特色小镇子系统协同作用机制图

特色小镇的发展是各子系统相互作用不断向前发展的过程,使得小镇充满活力。作为小镇活力因子的重要子系统组成——产业发展、文化遗产、生态环境与空间发展的作用及协同机制,对特色小镇系统演化起到了重要作用。特色小镇子系统间的复杂适应作用机制通常表现为三种作用表象:当特色小镇发展子系统与空间发展同步时,加速空间的健康发展;当特色小镇发展子系统与空间发展相背离时,阻碍空间发展;当特色小镇发展子系统与空间发展处于可协同的状态时,通过不断的调试,促使空间稳步发展。

3.2.4 特色小镇空间发展复杂系统架构

我国特色小镇受城市辐射、区位等因素影响,其发展存在较大变异的可能性。其中部分小镇变为产业园区,淹没为城市无序扩张的一部分;部分则变为城市周边的单一超大型居住区,成为钟摆式工作生活的一份子;部分则成为城市发展的灯下黑区域,其破败的城镇面貌及人口流失成为城市圈不和谐的音符。然而,绝大部分仍然处于转型发展期,如何发挥外在动力机制与内生动力机制的相互作用,使特色小镇成为极具特色的活力空间,成为摆在我们面前亟须解决的课题。

特色小镇发展过程中,政府及政策性的行为在其发展之初起到了引导作用。然而,由于主导政策的科学性受人为因素影响较大,从长远发展来看,这种外在动力机制下的他组织"构成"行为,已逐步凸显出诸多问题,如动力机制不足、特色丧失等。因此,研究内生动力机制下的"自组织"模式对于特色小镇发展的作用就显得尤为重要。

从CAS理论研究来看,特色小镇是一个复杂系统,包含诸多子系统,上节对于特色小镇关键要素解析结果得到,产业发展、文化遗产、生态环境作为小镇的主要子系统对空间发展均产生影响。以往我们以城市规划等基础理论来规划小镇的空间发展,更多体现的是其发展的他组织"构成"过程,而系统学理论的发展为我们提供了自组织方法论,用于研究特色小镇发展的自组织"生成"过程。

从特色小镇空间发展失衡来看，特色小镇发展之初他组织的外在动力机制起到了一定的积极作用，在小镇发展过程中对于自组织发展内生动力机制的需求，成为小镇发展的重要动力。自组织动力机制存在于特色小镇发展的各子系统中，并影响系统的构成及发展，"自上而下"的规划调控与"自下而上"的市场作用下，"他组织"与"自组织"同向发展的协同机制成为小镇极具活力的发展组织机制。就特色小镇而言，其产业发展、文化遗产、生态环境作为最能体现其特色化发展的三个重要因素，对于空间发展具有不可或缺的重要作用。这种相互作用不仅仅存在于系统内部，同样作用于系统之间，反映出特色小镇发展的复杂性。从复杂适应系统理论来看，特色小镇空间发展源于"生成"基础之上，后经政策、制度等上层设计的"构成"，是"生成"与"构成"融合发展的系统。复杂适应系统理论揭示了系统的复杂作用机制，成为特色小镇空间发展的研究重点，以此为研究基础构建特色小镇空间发展的系统理论框架（图3-16）。

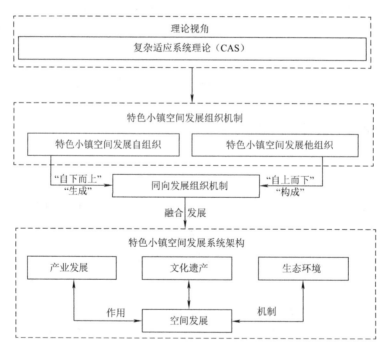

图3-16　特色小镇空间发展系统理论框架图

CAS理论认为，系统的积木机制可以将其拆分为诸多子系统，同样具有系统的特性与机制。特色小镇空间发展系统是产业发展、文化遗产、生态环境的物质载体，与子系统发展相适应的空间结构促进小镇良好的发展，反之亦然，甚至会产生空间结构的替代。子系统间相互竞争、协同达到相对平衡，这种暂时性的平衡，随着系统内部因素的改变而发生渐变甚至突变，发展过程中在混沌边缘寻求新的平衡，使系统走向有序。这种复杂的发展过程在子系统间循环进化,从而使系统不断地向前发展。

从上述第3.1节特色小镇系统复杂适应性理论分析空间发展的特征来看,空间与产业协同发展过程中,往往具有空间聚集产生规模的效应。类似产业聚集到相对集中的空间,形成一定规模,给产业空间发展带来更多的经济效益。从特色小镇的复杂性演化路径来看,空间与文化遗产协同发展过程中通常表现出复杂多样性,文化遗产的差异化发展引发空间发展的分化,产生文化多样性空间,实现文化空间多样化的有序统一。从特色小镇的复杂性演化方式来看,特色小镇空间与生态环境协同发展过程往往是循环进化的发展,良好的生态环境催化居住空间的增值,引发商业等空间的增长,引发空间发展的复杂特性,是一个非线性的过程。

特色小镇及其子系统具有CAS的7个基本特性及机制,具体到产业发展中突出表现为聚集性,文化遗产中突出表现为多样性,生态环境中突出表现为非线性。特色小镇空间发展过程中与产业发展、文化遗产、生态环境三个子系统的协同发展,从而构筑产业聚集性、文化多样性、生态非线性空间发展系统,从而满足小镇主体要求产业发达、文化交融、生态美好的需求。基于上述理论的研究,构筑CAS视角特色小镇空间发展复杂系统体系如图3-17所示。

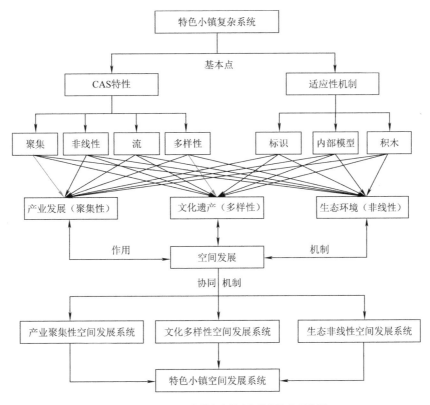

图 3-17　CAS 视角特色小镇空间发展复杂系统图

3.3　本章小结

我国未来发展中将面临经济发展转型升级和深度城镇化的问题,无论在经济转型还是城镇化进程中,小镇都将发挥至关重要的作用。通过本章的研究可以得出,特色小镇是复杂适应系统,复杂演化主要表现为在开放、远离平衡的,有外部能量输入、输出的系统内、外部条件作用下,小镇发展表现出社会、经济发展的特性。特色小镇由于其区位、环境等方面的差异,必然存在竞争,这种竞争经过长期的演化过程逐步聚集协同发展,协同机制使得小镇各子系统间不断循环与进化。特色小镇系统通过渐变与突变,混沌逐渐走向有序,又进一步的演化,呈现出简单到复杂、无序到有序、低级到高级的复杂演化图景。

作为特色小镇系统的诸多子系统在系统的发展演化中起着重要的作用,产业发展、文化遗产、生态环境是小镇特色提升的活力因子,与空间发展的作用、协同机制,成为小镇系统不断演化前行的内在动力,这种相互作用最终落实到空间发展载体上。复杂适应系统理论视角下外在动力机制与内生动力机制同向发展组织机制,对于特色小镇空间发展系统起到促进作用,构筑产业聚集性、文化多样性、生态非线性“生成”与“构成”相融合的空间发展系统,从而有效推动小镇特色空间的发展,满足主体的需求。

本章在复杂适应性理论研究的基础上,提取了特色小镇空间发展的关键要素,分析了空间发展的作用机制及协同机制,构建了空间发展的复杂系统体系。本书第4～6章基于此研究系统框架,分别从特色小镇影响要素入手,详细研究系统间的相互作用及协同机制、产业聚集性空间发展、文化多样性空间发展、生态非线性空间发展系统的生成以及案例解析。

第4章 特色小镇产业聚集性空间发展系统分析

产业发展是特色小镇发展的动力系统，对小镇发展起着重要作用。本章将分析特色小镇产业发展现状与存在的问题，基于复杂适应系统理论，研究产业发展与空间发展的作用机制，阐述两者的协同机制，基于此构建产业聚集性空间发展系统，以梦想小镇为例，解析特色小镇产业集聚性空间发展系统的生成过程。

4.1 特色小镇产业发展现状问题分析

4.1.1 产业发展类型趋同

2016年7月1日，国家发展改革委等三部门联合下发的《关于开展特色小城镇培育工作的通知》指出："以产业发展为重点，依据产业发展确定建设规模，防止盲目造镇"[166]。特色小镇不仅仅是产业、文化、旅游和社区功能的简单叠加，而是在产业基础上，体现文化特色，繁衍旅游功能，并配套社区服务，是一个产业发展、空间结构优化的复合体。特色小镇全面展开，产生大量产业趋同的小镇。以政府及政策发展为主导的特色小镇在发展过程中，为追求"特色"而人为划分产业发展模式，造成大量类型趋同的小镇[167]，最终导致区域内产业发展类似、分散，无法达到小镇发展的初衷。

农业小镇是以农业作为经济发展的第一产业，为生产、生活提供重要保障的特色小镇。

以农业为主的小镇,农业生产、服务、农产品加工、休闲农业等对于拉动当地发展发挥着重要作用。以此为基础发展的休闲农业旅游、特色餐饮体验、养生、养老等模式成为农业小镇发展的重要途径。以种植、采摘等耕种模式,加工、餐饮为主的农产品体验,以民俗、风情、住宿为主的风俗打造,成为农业小镇特色发展的主流。然而,一哄而上的相似产业的发展,难以成为小镇产业转型的核心竞争力。种植类似的农作物,组织类似的采摘活动,发展类似的农家乐,一座小镇打造成功之后,周边跟进效仿,难以成为城市近郊区有效发展的斑块。例如,某市绕城高速内分布近10家采摘园,以采摘为主的农业小镇,虽然种植产品不同,但产业发展类型相似,并且较为集中地分布在城市近郊,未形成互为补充的农业产业集群,难以体现小镇发展的突出特色。类似的情况亦存在于工业型、文旅型、商贸物流型小镇中。国家发展改革委亦出台文件再次强调,特色小镇要防止照抄照搬、一哄而上。[168]

4.1.2 产业发展模式简单

随着相关政策的推进,特色小镇逐渐成为产业转型的重要抓手。全国范围内逐步形成了以一产、二产、三产为主导产业的特色小镇。一产为主的现代农业小镇,二产为主的工业小镇,三产居多的文旅小镇等。特色小镇不同于产业新城,其体量较小,发展过程中产业协同、要素的融合度要求更高。而部分特色小镇产业发展之初,片面追求资金的引入,而忽视与当地原有企业的联动,导致产业结构因不接地气而失调。同时,忽视区域发展的优势与特色,盲目跟风发展成熟区域的产业,极易产生简单化的产业发展模式。如位于浙江省北部的城市,其下设小镇具有皮革、家纺、太阳能等优势,尤其皮革产业闻名遐迩。然而,良好的产业基础并未成为其特色发展的重点,吸引入驻的是商业地产项目。繁荣的市场,兴旺的商业吸引大量相关地产进驻,成为商业发展的重点。小镇单一性地发展商业地产,并未利用其特有的皮革产业资源。该市各小镇也未因其皮革产业而形成产业特色小镇,反而沦为各地市皮草流水线的加工地。

4.1.3 产业升级方向不明晰

当前,我国处于转型的关键阶段,一方面产能过剩,另一方面新兴产业蓬勃兴起。随着转型升级,部分以一产、二产为主的小镇逐步发展为三产为主的综合性小镇。作为小镇发展的核心产业,是小镇可持续发展的基础。当部分产业升级过程中,缺失明确的方向,脱离实际的发展,则无法形成产业与空间发展的良好协同,从而无法实现小镇既定的目标与定位。

笔者于2017年6月调研的北京周边某小镇,镇中留有数座保存完好的"举人宅院",其中五进"四合院"在山区更是罕见。良好的历史遗存,优美的自然环境,成为特色小镇发展的重要基础。产业发展定位以旅游为主,修整了镇中的道路、住宅、景观。但是由于产业升级方向不明晰,镇中现以老人居多,多处院落空置,无人居住(图4-1)。除现有遗存,并未有相应的住宿、商业、配套等产业支撑。调研发现,来此过往参观的人数并不多,由于北京城区去往此地的路途时间较长,加之镇中无相关的配套餐饮、休憩、住宿地,以致大家通常是慕名而来,短暂参观后便离开。小镇无相应产业的支撑,缺乏市政设施配套,发展较为落后,难以实现产业的转型升级。

（a） （b）

图 4-1 空置院落

4.1.4 产业发展追求短期效益

产业转型升级过程中,众多传统产业面临挑战,现有产业园区希望借助发展特色小镇的契机进行转型升级。在此过程中,片面追求短期效益,容易造成产业发展的局限,而使其缺乏长期竞争力。如浙江某镇的模具产业,在特色产业园区发展过程中,众多模具园区一哄而上,这些园区在与特色小镇碰撞过程中,部分园区往单一模具集中发展,力求在短期内寻求其在某一模具中的利益最大化,从长远利益来看,单一化成为发展的主要限制因素。单一产业在集群化发展中一旦缺乏优势位置,就会被淘汰出局。而多种产业集聚的小镇在应对产业升级中优势凸显,利用各类产业优势,打造独特主题园区、主题文化、企业活动等,吸引众多主体集聚,给产业创造长期、持久的效益。

4.2 特色小镇产业发展对空间发展系统的作用机制

依据CAS理论,产业与空间作为特色小镇主要的两大子系统,存在着适应性发展的内在需求。产业发展与空间发展的演变是特色小镇经济增长与发展过程中的重要动力和支撑。产业发展调整必然会引起生产要素在产业内部流动和集聚,并引起特色小镇规模、功能的改变,其本质也是空间发展演变的重要推力。

4.2.1 产业衍生构建多中心空间组织

就大多数特色小镇而言,其外围的基础设施和公共配套相对简陋,而小镇中心区域的配套相对完善,与之相对应,产业的发展最初一般都是围绕小镇的公共中心而展开。不同的产业相互作用,形成一定的产业集群,成为围绕小镇中心区域的复合产业空间。参照CAS理论,这些复合产业空间的形成是由产业作用产生,以物质载体的空间结构而存在。特色小镇经济发展过程中,不断扩大其发展面积,人口不断增加,产业类型不断改变,从而产生较大差异的土地租金,形成较高租金的核心区域,较低租金的周边区域。小镇受到租金高低的影响,中心区域逐步发展为可以承担高租金的第三产业。而利润较低的产业逐步转移,不断聚集到小镇的周边区域,形成新的次中心空间(图4-2)。调研发现,经济较为发达地区逐渐聚集由产业发展而来的多中心空间组织,如京津冀、长三角区域附近,聚集大量特色小镇,承接了城市的溢出效应,呈现出多中心的空间组织态势。

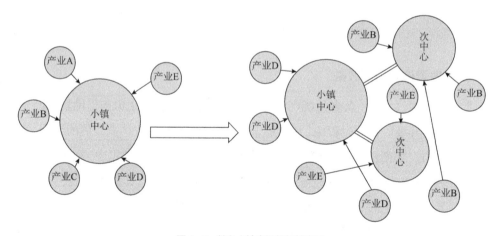

图4-2 特色小镇空间组织转变图

4.2.2 产业聚集孵化创新型空间载体

依据CAS理论,产业发展强调"自组织"性,不同层级的产业扮演主动性、适应性、创造性,产业之间交互作用呈现"共生"关系,高度协调,相互作用,涌现出新的体系,最终形成产业集群[169]。亚当·斯密提出:"分工细化使得部门内部及部门间的经济活动不断分化,促使产业不断生长。"[170]一系列交易连接的生产过程产生不同的分工,这种自适应性的过程由产业发展的分工引起,同时聚集高专业化水平,逐渐形成相近或者互补的产业集群。与之相适应,产业分工、产业成长、产业集聚也伴随着空间结构的集聚与扩散,并最终孵化出与产业发展相适应的、相对稳定的创新型空间载体。昆山市漳浦镇以电子信息作为主要发展产业,经过近二十年的发展,若干电子信息企业在此入驻,并逐渐形成一定的聚集。这种产业聚集形成了相对高效或者低成本的产业链条,孵化出相对稳定的创新产业结构。

特色小镇强化相近或者互补产业空间的集聚度,并将其作为特色小镇复杂空间结构的重要组成部分。笔者于2018年4月调研了位于杭州市西湖区的云栖小镇,规划面积3.5平方公里,围绕云计算形成了各类服务平台、软件产业基地、信息工程学院等,为小镇的产业发展提供了良好的外部聚集空间资源(图4-3)。云栖小镇依托阿里云计算,逐步占据云计算产业发展的领头地位,成为产业聚集区的核心企业。经过几年的发展,逐步聚集了大批云计算、大数据、智能硬件等创新企业。产业聚集的发展逐步孵化出适应此类高新技术产业发展的创新型空间,满足高新技术人员对于工作、居住、生态等多方面的需求。

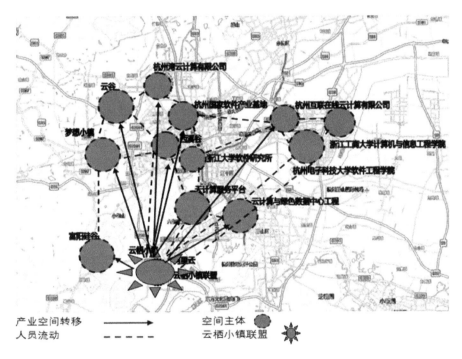

图4-3　云栖小镇创新型空间载体生成图

4.2.3　产业多元弥补连续性空间肌理

通常空间发展以产业发展为依据,滞后于产业结构的变化。随着经济结构的调整,产业会由一、二产业向二、三产业转化,特色小镇的空间肌理由稀疏转向细密,转变为适应产业需求的空间。当小镇由第二产业转变为以科研、文化为主的第三产业时,其空间发展则由厂区空间变为办公、休闲、商业空间等。特色小镇产业的多元化发展弥补了单一产业的不足,形成了较为完整的产业业态,同时,弥补了空间肌理的连续性,丰富了空间发展的层次性。

2018年4月,笔者调研了杭州市上城玉皇山南基金小镇,小镇产业发展之初较为杂乱,包含部分厂区、陶瓷品市场等,规划结合所处城郊接合部的区域位置,打造基金小镇。依托大城市服务资源促使产业高端化发展,同时利用优美的自然环境获得宜居条件,经统一规划为集基金、文创、旅游等多元一体的特色小镇,目前已经集聚基金公司近百家。随着产业多元化的发展,空间肌理也随之发生改变,生态环境不断提升,形成了适宜基金业、旅游业、配套服务业交融发展的连续性空间结构。同时,为适应产业未来不断调整的可能性,基金小镇中引入"微城市"理念,通过预留公共配套用地,优化土地利用来提升配套服务,弥补基金小镇空间发展肌理的连续性(图4-4)。

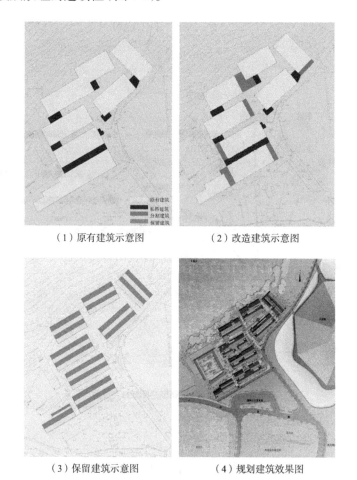

（1）原有建筑示意图　　　　（2）改造建筑示意图

（3）保留建筑示意图　　　　（4）规划建筑效果图

图4-4　杭州市玉皇山南基金小镇部分空间肌理改造图

资料来源:南方设计相关资料。

综上所述,作为特色小镇的子系统,小镇产业是一个动态演变的过程,受到内、外部其他子系统的影响,相似或者互补的产业最终聚集在一起形成产业集群。产业集群也是一个动态变化的过程,如产业衍生、产业聚集、产业多元发展等,寻求发展中的动态平衡。与之相适应,特色小镇空间发展系统的空间组织、结构、肌理等深受产业系统变化的影响,并形成独特的空间结构肌理(图4-5)。

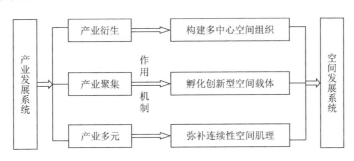

图4-5 特色小镇产业发展对空间发展系统的作用机制图

4.3 特色小镇空间发展对产业发展系统的作用机制

特色小镇既有产业转型升级过程中,空间与产业存在动态适应需求。但特色小镇空间并不仅仅被动适应产业的变化,良好的空间结构为产业发展提供可持续的载体,利于产业体系的合理发展。空间发展为产业升级提供了空间支撑,良好的空间发展可以推动产业的转型升级,吸引优秀人才创业、居住,形成更好的产业聚集。反之,不合理的空间发展则难以形成宜居、宜产的空间载体,亦难以成为产业提升、发展的载体。

4.3.1 公共配套空间为产业发展提供支撑

与大城市相比较,特色小镇的"落后"往往表现在基础设施以及公共配套的缺失。以上海周边特色小镇为例,虽然都具有临近大城市的地理优势,但公路交通发达或者轨交可达的小镇产业发展更具优越性。如,昆山花桥镇,交通便捷,上海轨交直达,便于大城市间的联系。在上海经济圈发展带动下,推进"产城一体化"发展,产业结构由"二三一"迅速向"三二一"转变。由原来五金机械、化工、建材、电子、食品等门类为主导的产业转向现代服务业,同时,逐步迁出镇内劳动密集型产业,降低工业所占比重,提高第三产业占比,发展成为上海的卫星商务镇。

根据笔者调研,即便是经济较为发达的长三角地区,其公共配套空间仍存在较大的不足,在一定程度限制了产业的转型升级。反观国外发达国家的科技小镇或者旅游小镇,公共配套完善程度与大城市相当,加之优美的环境,能吸引大量人群工作与居住,最终成为高端产业的集聚地。特色小镇空间规划出生态良好的公园绿地、完善的公共配套空间(教育、医疗、体育、文化、商业服务等），对吸引高层次人才，促进产业的发展具有积极作用。

4.3.2 动态适应空间为产业升级提供保障

产业发展与空间发展之间存在密切关联，特色小镇空间在产业发展的不同阶段，会表现出其发展特有的空间组织特征。特色小镇的空间发展是一个与产业经济发展相适应的动态演化过程。当各种产业要素集聚达到一个相对稳定状态时，特色小镇的空间结构也逐渐完善，并将在一定时期内趋于稳定。依据CAS理论，应该建立产业发展与空间发展的动态适应框架，从而促进两个关键子系统的相互融合，最终达到动态平衡。

当前，我国特色小镇已进入新一轮发展的热潮，部分小镇由政府主导编制规划，希望在几年之内发生"翻天覆地"的变化，通过招商引资，短期内将整个规划空间"填满"。实际上，产业子系统调整过程中，空间子系统也随之发展改变。规划设计过程中，预留一定发展空间，为产业转型升级提供更多的动态空间具有重要意义。

4.3.3 复合功能空间为产业活力提供条件

功能多样化的空间更有利于吸引人才集聚，创造良好的创业环境，提升产业活力。当空间结构调整与小镇产业转型一致时，可以加速产业结构的升级；当小镇缺乏空间结构的强联结性，成为单一产业的集散地，则往往缺乏可持续的动力。通常来说，复合性发展空间更易吸引大量资金与人才，加快产业集聚的形成，为产业活力发展提供条件。

特色小镇发展过程中表现出的复杂性影响空间结构的复杂性，产业发展由单一逐步向多样化转变。产业类型包含了诸多不同业态，空间结构也逐步呈现出与之相适应的多样性空间形态。

综上，特色小镇空间发展作为一个复杂子系统，系统积木机制拆分为若干不同类型的子系统。空间发展子系统对于产业发展子系统产生影响，公共配套良好、具有动态适应性的复合功能空间可以吸引产业聚集，形成极具活力的产业集群。反之，单调的、缺乏活力的空间格局则在一定程度上限制产业的发展（图4-6）。

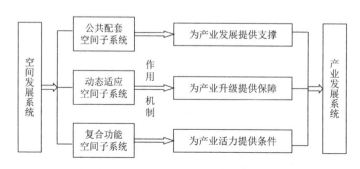

图4-6 特色小镇空间发展对产业发展系统的作用机制图

4.4 特色小镇产业发展与空间发展系统的协同机制

依据CAS理论,特色小镇的产业发展与空间发展子系统的协同具有一定的内在复杂适应规律,众多的产业逐渐集群化发展,同时,空间结构不断优化,达到相对平衡的状态[171]。产业与空间系统演变是小镇特色提升与经济增长的重要因素。调整产业结构必然会引起生产要素的流动与集聚,并引起特色小镇规模、功能的改变。优化空间发展为产业升级提供了良好支撑,合理的空间布局可以吸引优秀人才创业、居住,形成更好的产业集聚,推动产业的升级。反之,不合理的空间发展则难以形成宜居、宜产的空间载体,也难以成为产业提升、发展的平台。促进特色小镇产业发展与空间发展子系统协同的主要实施策略可以归结为依据区域资源禀赋、尊重既有发展基础、注重周边城市的互补性等方面。

4.4.1 依据区域资源禀赋促进产业发展与空间发展协同

特色小镇的"特色"是其根本,其特色来源于小镇的自然地理环境、气候特点、生态环境等。产业与空间子系统发展过程中,利用其资源禀赋,探索主要发展优势,从而确定文化旅游、电子科技等主要产业目标,并逐步生成适应其发展的动态空间。

位于安徽黄山南麓的宏村镇,镇区内留有景区景点、世界文化遗产、历史文化名村、明清古民居等多处遗产遗址,是黄山旅游区域重要的徽派文化发源地。依据丰富的旅游资源发展"旅游+"文化、观光、农业、产业等的模式,促进产业与空间协同发展(图4-7)。在现有资源基础上,通过修编保护规划,保护再利用古民居打造为艺术馆、博物馆、展示馆等空间。升级旅游相关产业,打造体验式文休旅游业态,形成遗产旅游观光、旅游度假、秀里文化产业、高端接待四大产业片区。依据既有资源禀赋,最终形成古镇历史街区空间与文旅产业发展协同发展的格局。

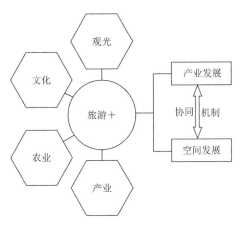

图 4-7 宏村镇区域资源禀赋作用图

4.4.2 尊重既有发展基础推动产业发展与空间发展协同

特色小镇产业与空间的协同,切忌脱离实际,将他人的发展经验生搬硬套。产业发展应该充分发挥既有的人才、技术、资金、资源优势,再结合新型产业的融入,最终达到转型升级的目标。同时,特色小镇的空间格局历经数年逐渐形成既定模式,尊重既有的小镇肌理、空间结构、山水格局等,最终塑造环境优美、宜产、宜居的小镇空间。

浙江杭州梦想小镇,位于杭州市余杭区未来科技城的核心区域,依托周边浙江师范大学、阿里巴巴总部等所在地的优势,加快互联网等相关产业的发展。空间格局在原有小镇的肌理上,以大片农田为生态环境的核心,打造生态与办公相融合的空间(图4-8)。特色小镇空间规划中,注重发展生态良好的公园绿地、完善的公共配套、深厚的历史文脉传承,对于吸引高层次人才,促进产业的发展具有推动作用。

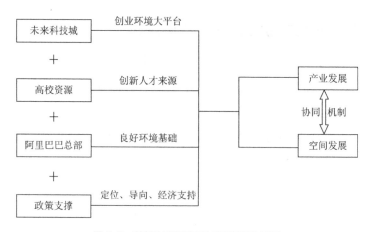

图4-8 梦想小镇尊重既有发展基础协同图

4.4.3 注重周边城市互补增进产业发展与空间发展协同

城市群成为城镇化过程中的必然,特色小镇作为城市群落中点状经济活跃因子,其产业发展一方面依托城市的溢出效应,承接因为成本因素相对较高而溢出的制造业等。另一方面提供城市的补充配套,凭借其生态环境等特色成为城市周末休闲放松的小镇。从某种层面来看,与城市的互补性成为两者协同发展的重要因素及动力源泉。

位于上海市青浦区内的朱家角镇,该镇与江苏省昆山市接壤。朱家角镇总面积138km²,距离上海市中心西南49km,位于上海、苏州、嘉兴三个城市围成的三角形中心,上海市轨交线直达。

近年来,朱家角镇以特色小镇发展为契机,发挥淀山湖生态资源、古镇文化旅游资源、区域交通三大优势,积极探索生产、生活、生态"三生融合"发展的道路。保留古镇区,更新老镇区,打造新镇区,形成文化底蕴深厚、生态环境良好的特色小镇,成为不少上海人周末出行的主要首选地。同时,吸引高端产业聚集,打造上海文创产业特色区。注重融通古今,结合古宅园林、闲置厂房的传统文化肌理,推动小镇向文创园转型,形成一批文创产业园区。结合当地节庆活动,举办水乡音乐节,成为上海国际艺术节的重要内容。朱家角镇以上海国际金融中心建设为契机,在文创产业的基础上,挖掘资本力量,打造以特色基金为优势产业的“新名片”,为“文创+基金”小镇注入新视野、新动力和新能量。开发特色旅游项目,吸引游客亲身体验古镇风土人情,同时,打造民宿以及面向当地居民的商业服务设施。朱家角正是利用与上海市区的互补作用,推动产业与空间优化发展,形成显著的协同效应(图4-9)。

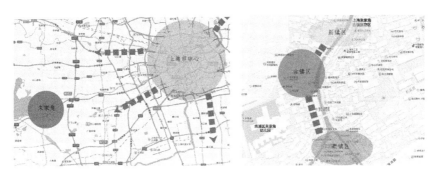

图4-9　朱家角三镇区与上海市区互补性示意图

产业发展与空间发展系统的协同机制是一个复杂性演变的过程,受两者子系统之间相互作用的影响,也受周边子系统的影响。两者的协同并非一蹴而就,是一个渐变与突变、循环与进化发展的过程,在内、外部组织机制的作用下不断调整,不断适应,并最终达到动态适应性平衡(图4-10)。

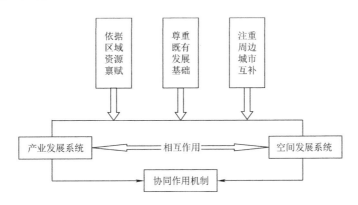

图4-10　特色小镇产业发展与空间发展系统的协同机制图

4.5　特色小镇产业聚集性空间发展系统及案例分析

4.5.1　产业聚集性空间发展系统架构

通过上述特色小镇产业与空间发展的相互作用机制分析,可以看出小镇产业在转型升级过程中,一两个发展较好的产业成为其发展的中心,随着产业的发展,核心产业周边产生一些较好的衍生产业,演化过程中部分企业进入或者退出,逐渐形成了产业在核心企业附近区域聚集的空间发展形态(图4-11)。这种衍生的产业是产业集群的原生动力,产业的协同演化使得某些特定产业在一定区域内聚集,成为极具规模的产业区。随着产业聚集的发展,对于产品需求量的增加,导致经济外部性需求增加,基础设施、公共服务等配套设施逐步完善。

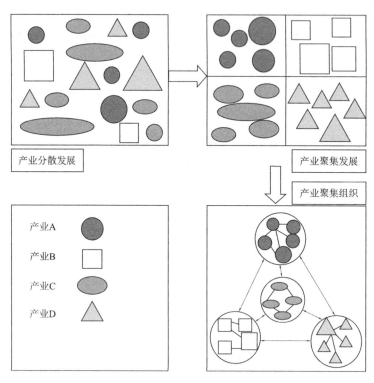

图4-11 特色小镇产业聚集性发展组织图

特色小镇在部分产业基础上实现聚集,引发其他生产性服务产业入驻,比如相关的金融、网络信息服务业等。在生态环境与文化遗产等要素作用下,引发旅游业等相关产业的融合发展。特色小镇内部各产业子系统与空间不断作用,促成特色小镇内部空间系统的转型升级。同时,特色小镇范围内,不同主导产业类型的小镇间、特色小镇与近郊城市间,在资源互补等方面也存在协同作用。因此,特色小镇是内、外部空间演化共同决定其发展方向。

从上述分析来看,特色小镇产业的衍生以及近郊区的经济化发展,都是一种聚集的方式。产业的衍生、聚集、多元化发展是一种自组织的过程,最初偶然性的发展产生了具有代表性的产业,产业核心逐步发展过程中,部分产业扩张成为以母体产业为中心的初步聚集区;部分产业跳跃成为产业的活跃因子,在其附近周边成立新的产业发展区,相似产业聚集形成多个产业中心聚集的产业集群。[172]随着产业的发展,新的产业要素加入,比如文化、生态、旅游等,以实现产业协同、转型的需求。同时,产业多样化发展引起人口的聚集,相应的基础服务配套产业入驻形成产业经济化效益,逐步产生循环演化的过程,不同规模循环进化引发空间发展的演化。在循环、超循环的效应下,特色小镇的产业链形成,对附近城市互补效应应运而生,成为城市近郊区协同发展的活力系统。

产业聚集理论最早来源于新古典主义经济学家马歇尔,通过产业聚集可产生外部规模经济效益,有助于产业的快速发展。奥地利经济学家J·A·熊彼特于1912年在《经济发展理论》[173]中首先提出了创新的基本概念,创新有助于产业聚集,产业聚集使得创新得以发展。聚集成为产业发展的重要特性,产业聚集程度越高,对应的生产需求越大,吸纳的就业人口数越多,小镇竞争力越强,相应的服务业聚集发展,从而形成劳动人口集中,促进产业的再聚集。王辑慈等著的《创新的空间:产业集群与区域发展》一书[174]研究了生产的空间组织、创新区位,产业集群理论的本源,从技术及竞争视角,研究了创新集群的经验、困境、途径,将理论与实践相结合,提供了区域集群化发展的研究。

从CAS理论视角来看,产业发展之初往往是自组织"生成"过程先行主导;从产业层次来说,产业衍生、聚集、多元,内部子系统相互作用促进产业发展;从空间层面来说,公共配套空间、动态适应性空间、复合功能空间为产业发展提供支撑与保障,产业与空间发展相互作用,竞争与协同中达到相对平衡或者产生涌现。特色小镇产业与空间是一动态、非线性发展的过程,由主导产业衍生发展而来的产业与新兴产业聚集降低了产业空间的交易成本,提高了产业效率。良好的空间形态为产业发展创造环境,从而形成特色小镇空间配置优化、协同发展的产业聚集性空间发展系统(图4-12)。

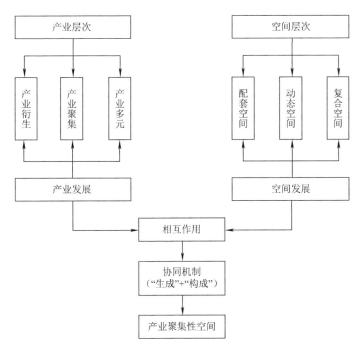

图4-12 特色小镇产业聚集性空间发展系统体系图

4.5.2 产业聚集性空间发展案例分析

杭州市最早启动特色小镇建设,产生了极具代表性的小镇,笔者选取较为典型的梦想小镇对已建成区域进行实地调研,在上述构建的产业聚集性空间发展系统体系下实证研究系统的生成。

首先,通过网络及设计院等渠道获取梦想小镇相关发展资料,对规划设计、特色产业进行书面学习。其次,在相关资料学习的基础上,于2018年3月对梦想小镇进行实地调研,主要采取现场观察法、访谈法、问询法等,进行详细的研究。

梦想小镇特色产业具有典型性,成为产业聚集性空间发展研究的主要案例。作为浙江省较早建设的特色小镇,位于杭州市余杭区未来科技城的核心区域,距离西溪湿地9.6公里,距余杭镇5.6公里,距杭州市区30公里。梦想小镇发展定位为创业、创新、创意之城,职能定位创新人才特区、生态宜居新城、活力创业小镇。梦想小镇规划面积较大,分三期进行建设、实施。一期建设是2015 ~ 2017年,安置房规划区域总计415亩;二期建设为2017 ~ 2022年,其中商业136亩,居住330亩;三期建设为2022 ~ 2027年,其中商业350亩,居住420亩。目前已建成区域面积在17万 m^2 ,包括互联网创业小镇和天使小镇两大区域,成为大众参观学习的示范区域。

梦想小镇产业发展与空间发展良好结合,具有较高的示范性,基于上述构建的系统体系,从小镇影响要素入手,分析产业发展与空间发展的作用机制,通过两者的协同机制生成产业聚集性空间。

1. 梦想小镇产业聚集性空间影响要素分析

梦想小镇产业聚集性空间发展受到外部诸多要素或者系统的影响,这些要素交织在一起,对梦想小镇产业聚集性空间共同产生作用。

(1)影响要素一:区域要素的影响

从区域要素来看,杭州市境内京杭大运河、钱塘江流域河网密布,具有典型的"江南水乡"特征。截至2017年,常住人口达918.8万人,城镇化率为76.2%[175]。交通发达,沪昆、萧甬、宣杭多条高铁过境,地铁轨道交通直达各区。水路交通连接大运河、西溪、钱塘江等水系,发挥历史文化名城、生态文明之都等特色,不断厚植城市活力。作为首批浙江省级特色小镇——梦想小镇,毗邻杭州师范大学仓前新校区、阿里巴巴总部,区位优势明显(图4-13)。沿余杭塘河和道路较为集中地分布村落、工业园、工厂等。商业主要集中在仓前街,基本满足现状居民的生活需求。居住、教育、行政办公用地相对较少,水系较为发达,存在大面积的基本农田、林地。从现状要素分析来看,梦想小镇具有良好的历史人文资源优势,运河文化深厚,生态景观资源丰富。地处高校和科技城核心区,交通便利,临近互联网基地,具备较好的商机和氛围。区域现状要素及影响见图4-14。

图4-13　梦想小镇区位示意图

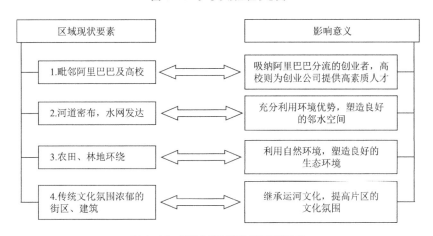

图4-14　梦想小镇区域现状要素影响图

（2）影响要素二:政策要素的影响

从政策要素来看,杭州市明确了建设西科创大走廊为重要载体的发展战略,以提高西部地区的发展水平,2018年市政府报告指出:杭州市经济要持续增长,全市生产总值达12556亿元,增长率为8.0%[176]。杭州市加快交通、基础设施的建设,整治提升小城镇环境。杭州市城市总体规划（2011 ~ 2020）划定城市"一圈、两轴、六条生态带"的空间结构,构建"六园、多区、多廊"的生态系统格局,打造多层次、多中心、网络型城市公共中心体系[177]。杭州市区及周边区域发展给梦想小镇提供了大的发展背景。政府出台多方面政策为特色小镇保驾护航,同时为梦想小镇的推进提供了良好的发展机遇。多方面政策要素及影响见图4-15。

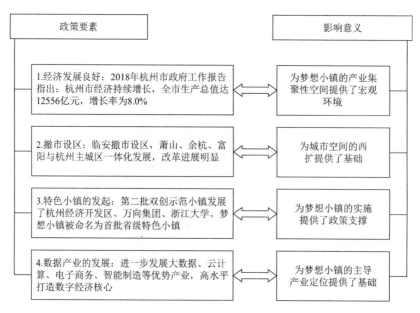

图 4-15　梦想小镇政策要素影响图

（3）影响要素三：交通要素的影响

从交通要素来看，两条快速路通过梦想小镇，小镇内有多条城市主、次干道，交通便利。然而目前仅一条公交干线穿越小镇，公交通达力度较弱。交通规划过程中，构建类似云数据网络系统的连接，通过多种换乘方式提高小镇的可达性和便捷性。构建"绿道"系统，组织小镇内的绿色步行系统，减少车辆的穿行。细化道路等级，增强道路网密度；构建慢行系统，利用小镇的绿环来营造良好的步行交通系统；建立轨道交通连接，增强小镇与杭州市的可达性。交通要素的影响见图4-16。

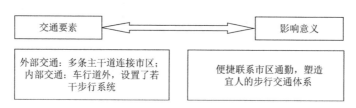

图 4-16　梦想小镇交通要素影响图

（4）影响要素四：生态要素的影响

从生态要素来看，梦想小镇处于两条主要生态带和两条城市绿廊所形成的"井"字形结构内，生态人文和滨水生态带穿越其中。空间发展中保留田野、村落、工厂、水系构建绿色基底，抽象为生态绿色"0"环。规划划分居住、农田村庄、创意办公、教育、公共中心五个功能区，形成"三带围一心"（公共中心、居住带、农田景观带、创意办公带）的格局。同时，梦想小镇内存在污染较重的企业水泥厂，对土壤水质存在一定的污染，成为该区域的主要劣势。生态要素的影响见图4-17。

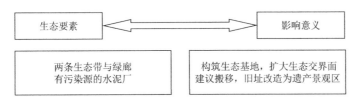

图4-17　梦想小镇生态要素影响图

综上所述,依据CAS系统理论的积木机制拆分子系统,区域要素、政策要素、交通要素、生态要素等子系统对梦想小镇聚集性产业空间发展存在着不同的作用,并共同作用于聚集性空间发展,详见图4-18。

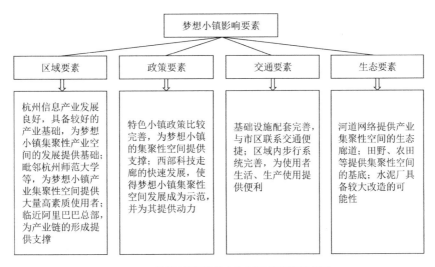

图4-18　梦想小镇聚集性产业空间系统要素分析图

2. 梦想小镇产业发展与空间发展的作用机制分析

产业发展与空间发展系统的相互作用机制,使得系统要素在系统内部、系统间进行流动、集聚,引起产业、空间发展的改变。

（1）梦想小镇产业发展作用机制分析

产业发展系统包含诸多子系统,不同子系统对产业的需求不同,从而产生不同性质的企业;对所需空间的要求不同,从而形成不同功能的空间,对空间发展产生一定的作用。作为100个特色小镇的先行试点,梦想小镇主要打造创业、创新、创意之城,互联网创业为重点的电子商务、云计算等相关产品的研发、生产、服务等成为主要发展产业。梦想小镇中较为突出的互联网产业、云计算衍生的金融产业、相关配套服务产业子系统对于产业发展起到重要作用,同时对空间发展产生一定的影响。互联网产业子系统发展过程中,网络工作者需要良好的办公及会议空间,同时需要配备人员交流场所及优越的生态办公条件。金融产业子系统为梦想小镇企业提供金融服务,配套服务产业子系统为梦想小镇企业人员提供餐饮、居住等公共服务,满足主体需求。不同产业子系统性质、对空间子系统的影响见图4-19。

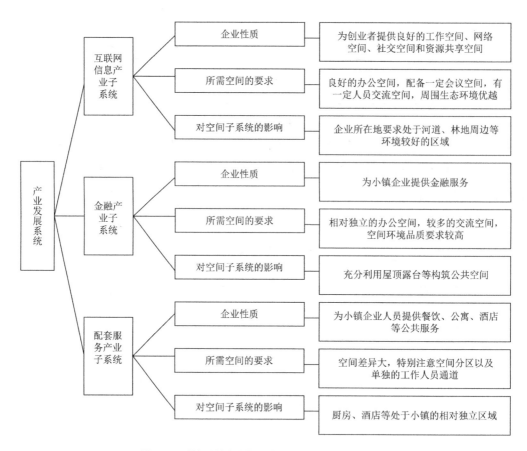

图4-19 梦想小镇产业发展对空间发展系统的作用机制图

针对上述产业子系统的不同发展需求，梦想小镇由原来的"四无粮仓"改造为"互联网+小镇"的互联网青年集聚社区，总共26栋楼（图4-20）。将原有仓储功能为主的厂房改造为互联网的创业小镇，国际青年创业社区、众创空间、浙大校友孵化器、良仓孵化器等满足产业发展需求的模式（图4-21）。余杭塘河支流穿过一期产业空间，提升了办公环境品质，两者融合发展成为产业空间相融的创新小镇。由原来一产的农田打造为生态良田景观，二产

图4-20 梦想小镇一期平面示意图

图4-21 梦想小镇创业空间

的工业仓储改造为互联网创业小镇,实现了产业发展的转型升级。产业发展子系统的改变对空间子系统的发展带来一定的影响,使其向着适应产业发展需求的方向演化。

（2）梦想小镇空间发展作用机制分析

产业发展系统发生改变时带来对空间发展系统新的要求,同时,空间发展系统自身的改变促进产业发展系统的良性演化,从而生成较为稳定的空间发展系统。从小镇所处的大区域环境来看,政府在政策、人才、资金方面的支持为小镇发展提供了机遇。然而,作为首批开发的特色小镇空间,并无规律可循,也没有可复制的案例。如何将河道两侧的空间系统重新塑造为理想的人居环境?如何充分地利用旧厂房并发挥其空间系统的价值?都成为梦想小镇发展过程中面临的机遇与挑战。

对于空间发展系统的分析,结合实际调研情况,分为待建区域、已建成空间区域两部分。待建区域的空间系统,发展过程中利用农田村庄串联筑梦工厂、思梦花园、寻梦古镇,打造"一环一轴三心"的系统结构。同时,配套餐饮居住等设施,为创业者量身打造舒适的创业空间,满足创业主体的需求。已建成区域的空间系统,利用余杭塘河支流为景观轴,沿河两侧布置建筑空间。在功能结构上划分为三块,办公、商业、公共空间各占1/3,采用大开间办公的模式,打破办公空间的实体边界,并"留白"部分配套空间。

重点以已建成区域的空间为例,分析梦想小镇空间发展系统的作用机制,主要包括公共配套空间、动态适应性空间、复合功能空间等子系统,为产业发展子系统提供了良好的保障。如公共配套空间子系统中利用河道两侧空间、入口广场空间为互联网从业人员交流互动提供休闲场所,为企业聚集烘托气氛,为品牌展示提供标识性。动态适应性空间子系统中开敞式办公空间、"四无粮仓"改造空间为互联网产业提供了良好的办公空间,促进互联网企业的聚集。利用粮库之间搭建新的共享空间,串联起不同企业、行业、办公空间的交流往来。复合功能空间子系统中YOU+国际青年创业社区、点状配套服务空间为创业者提供了良好的公共活动及交流场所。不同特色的空间发展子系统为产业发展子系统提供了良好的配套共享空间（图4-22）。

空间发展系统过程中,通过对自身的改造来满足创业者需求。保留16号~26号楼"四无粮仓"的建筑框架,在建筑一层外围架设外走廊,二层通过连廊连接,两栋建筑间通过玻璃围合打造通透的共享空间,使得每两栋一组改造为新的建筑组团。外部通过连廊,到达另外建筑组团,使整个建筑空间成为一个完整的有机体。两栋楼间的共享空间成为人员进出的主要门厅,同时兼具接待、签到、休憩功能。内部大面积粮仓空间改造为会议空间,满足联谊、会议等活动需求。通过楼梯、连廊等连系两栋建筑,中间大厅、屋顶通透的玻璃,打破了粮仓建筑原本沉闷的空间格局,将外部阳光、绿植引入室内空间中,使得室内外环境有机相融（图4-23）。产业模式的改变带来新的需求,空间子系统发展过程中注重与产业相结合,通过相应空间的改造来适应产业子系统的发展。

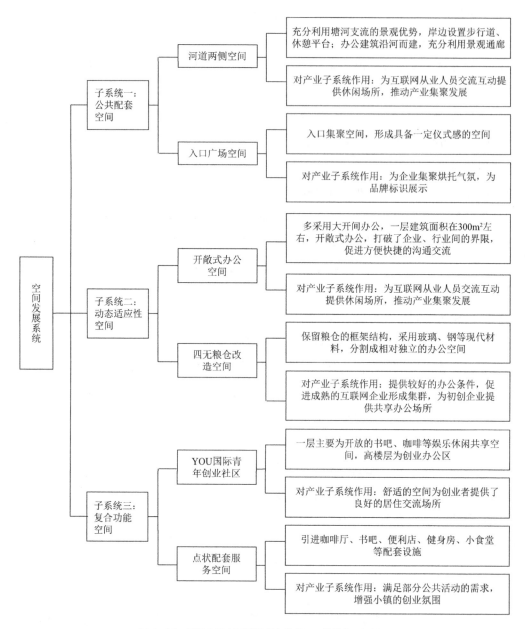

图4-22 梦想小镇空间发展对产业发展系统的作用机制图

3. 梦想小镇产业聚集性空间生成

(1)依据周边阿里园区、高校等区域资源禀赋生成产业聚集性空间

梦想小镇产业聚集性空间,主要从复杂适应系统理论的外部与内部空间特征来研究其复杂性生成过程[1]。从外部空间发展来看,未来科技城是梦想小镇的主要外部空间环境。阿

---

1 外部、内部空间复杂性特征详见第3.1.2节。

里巴巴西溪园区具备成熟的技术、丰富的企业管理经验,从而成为未来科技城的母体企业。有赖于母体企业的发展,周边逐步衍生出相关产业的发展,并逐步进入未被开发的互联网领域以减少竞争[178]。母体企业的发展为衍生企业提供相应的技术、信息数据等的支持,以促进其快速发展。周边衍生企业的发展逐步形成了以阿里巴巴为中心的聚集产业集群,从而为梦想小镇的发展提供了良好的外部空间环境(图4-24)。

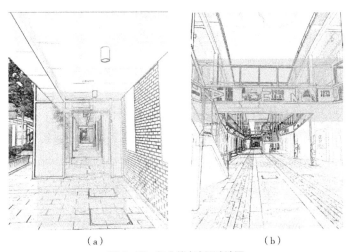

（a）　　　　　　　　　　　　　　（b）

图 4-23　部分共享空间改造图

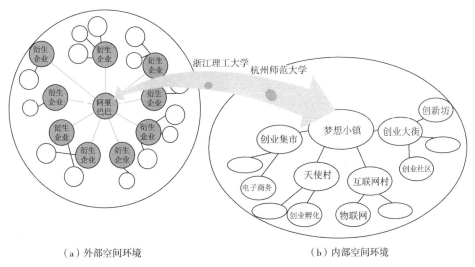

（a）外部空间环境　　　　　　　　　　　（b）内部空间环境

图 4-24　梦想小镇内、外部产业聚集性空间发展组织图

从内部空间发展来看,在杭州市特色小镇发展的大背景下,政府提出梦想小镇建设,具体内容包括天使村、互联网村、创业大街、创业集市等,成为小镇发展的主要内部空间环境(图4-24)。梦想小镇重点发展互联网等相关产业,小镇企业的高进出率以及周边杭州师范大学、浙江理工大学等高校科研机构加剧了产业的溢出效应。高校毕业生进入小镇创业园区,不断丰富和完善创业项目,科研机构通过与企业的对接实现其成果的转化,众创空间为其提供了良好的发展平台,实现人员在园区、高校、小镇等产业群中的流动(图4-24)。

(2)尊重既有环境及发展基础生成产业聚集性空间

特色小镇发展过程中,首先利用既有环境及发展基础推动系统的生成。梦想小镇具有良好环境的生态公园,具有悠久历史的仓前古镇,具有时代特征的水泥厂,成为小镇特色发展的重要因素。利用既有发展基础实现产业系统往有机企业、有机农业、有机办公的转变。同时,打造具有开放的创业体验,开放的农田,连续开敞的空间,开放的创业环境和机遇的开放小镇,以满足创业主体的需求。

梦想小镇具备良好的生态环境以及产业基础,当产业系统发生改变时,空间发展系统也由原来的模式顺应产业发生转移。产业发展系统由原来的一产、二产转型升级为互联网为主的产业时,原本的农田景观成为片区中良好的生态环境空间系统(图4-25)。二产仓储为主的粮仓,转变成为创业者进行产业创新的公共共享空间系统(图4-26)。产业发展系统转变中,部分类似的产业聚集形成新的产业系统,空间发展系统升级改造原有空间结构,成为适应产业转变的新聚集体。产业与空间发展的协同有机进行,一产的农田聚集成为现代产业中的农田,从空间环境上来说,现代农田不仅仅作为一产产出而存在,更是一种景观空间,有机地生长在建筑中。原本工业为主的水泥厂经过污染处理,打造成为景观良好的生态空间场所,成为互联网产业的聚集发展的空间体。利用既有发展基础转型升级,使产业发展充满创造力,空间发展极具创新活力,两者有机协同生成产业聚集性空间。

图4-25　改造后的生态空间　　　　　　图4-26　改造后的仓储空间

(3)注重与周边园区的互动性生成产业聚集性空间

特色小镇往往规模较小,建设通常受到空间发展的制约。梦想小镇空间系统发展过程中,对于异质企业加速其外部空间的输出,腾出有效空间加强同质产业的聚集优化,使得产业密度更加合理,资源利用效率提高。梦想小镇将异质企业逐步转移到周边的杭州师范大学科技园、海创科技中心、海智产业园、海创园等,从而形成多层次创业平台引导创业者更好的发展。同时,未来科技城注重与周边园区的互动效应,形成系统、整体的产业聚集性空间格局(图4-27)。

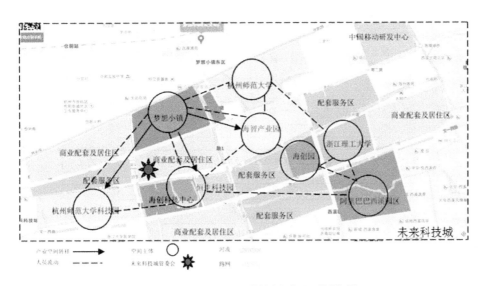

图 4-27　梦想小镇产业聚集性空间发展系统组织图

综上所述,"梦想小镇"位于杭州未来科技城内,具有良好的产业支撑,丰富的人才资源,开放的外部空间发展条件。在原有旧厂区和农田的基础上进行升级,尊重既有肌理,通过保留、改造、加建、新建等手段,最终生成了涵盖农田、居住、教育、创意办公、公共服务等不同的内部空间结构。梦想小镇通过"互联网+资本"的组合,重点发展信息和金融两大产业,同时给予不同的创业引导,腾出异质性产业空间,促进同质性产业聚集性发展,空间发展适应产业发展的转型升级,两者协同发展生成产业聚集性空间发展系统,从而满足小镇各产业主体的需求(图4-28)。

4.6　本章小结

本章在第3章构筑的系统理论基础上,主要研究特色小镇产业聚集性空间发展系统。首先,从特色小镇产业发展现状问题入手,探索了影响产业聚集性空间发展的主要因素。其次,分析了特色小镇产业发展对空间发展系统的作用机制,空间发展对产业发展系统的作用机制。然后,分析了产业发展与空间发展系统的协同机制,在上述协同作用机制基础上,构建了"生成"+"构成"融合发展的CAS特色小镇产业聚集性空间发展系统体系。最后,选取浙江省极具代表性的特色小镇案例梦想小镇,从系统影响要素,系统间作用机制,

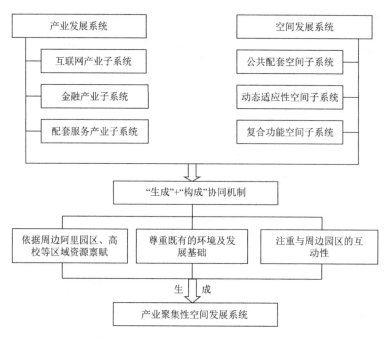

图 4-28 梦想小镇产业聚集性空间系统生成图

协同机制实证研究聚集性空间发展系统生成体系。

作为复杂适应系统的特色小镇,其关键性子系统产业发展与空间发展,两者具有较强的关联性。若两者相互适应,则容易构建产业活力强,空间结构优的小镇;若两者适应性差,则往往导致产业发展缓慢,空间无序发展。随着我国经济发展的不断推进,众多产业都将进入转型升级期,特色小镇的空间发展也会随之产生变化。借助复杂适应系统理论,运用规划引导等手段,注重产业发展过程中的聚集性,适时达到产业发展与空间发展的协同,对于塑造宜产、宜居的特色小镇具有重要意义。

第 5 章　特色小镇文化多样性空间发展系统分析

　　我国历史文化渊源深厚，诸多特色小镇均具有丰富的文化遗产资源，这些文化遗产是特色小镇的灵魂，成为其发展的精神系统，对于小镇知名度、竞争力的提升，旅游业的发展等具有至关重要的作用。本章依据复杂适应系统理论，调研分析特色小镇文化遗产存在的问题，论证特色小镇文化遗产与空间发展的作用及协同机制，构筑文化多样性空间系统体系。最后以景德镇陶溪川为例，实证特色小镇文化多样性空间的生成。

5.1　特色小镇文化遗产要素分析

5.1.1　特色小镇文化遗产提升作用分析

　　我国城镇聚落产生较早，城镇丰富的自然景观、文化遗产、民居风貌等历史文化资源，不仅反映了城镇历史发展的变迁，同时也是小镇特色的根本。从评选的全国第一批、第二批特色小镇来看，多数为历史遗存较好的小镇。特色小镇具有风格迥异的文化遗产，通常这些文化遗产年代久远，有着深厚的历史渊源。每一座古镇都是历史遗留的印记，为我们传递着历史的气息。

　　（1）文化遗产成为提升特色小镇知名度的名片

　　特色小镇是传承文化遗产"活"的博物馆。文化遗产作为小镇的特色名片，是体现小镇文化与特色的重要手段。江南小镇的特色名片是小桥流水、园林院落，而安徽小镇则是徽派建筑、粉墙黛瓦，诸如此类有文化遗产传承的小镇对于知名度的提升起到了重要作用。地处徽文化发源地的宏村镇，距离黄山30km，总面积188.95km²[179]。全镇共有景区景点9处（其中5A级景区1处，4A级景区2处，3A级景区2处，国家级水利风景区1处），留有世界文化遗产1处、中国历史文化名村3处、中国传统村落10处、明清古民居791幢[180]。小镇发展过程中深度挖掘徽文化内涵，并赋予其新的活力。特色小镇建设中注重徽州古建筑的保护再利用，使得徽派民居特色发扬光大。充分挖掘地方民俗文化，拓展文化交流渠道，提升小镇影响力。以文化遗产为基础打造的"旅游+"模式，融合产业多样化发展，极大提升了小镇的知名度。

（2）文化遗产成为提升特色小镇竞争力的重要元素

特色小镇首先是一个优美的小镇，小镇的美存在于它的自然山水中，存在于它的历史文化底蕴中，这种美对于小镇竞争力的提升具有重要作用。从南到北，从乌镇到古北水镇，文化遗产的传承给小镇的美增加了历史感、穿越感。特色小镇能否长远良性发展，取决于其"特色"是否具有足够竞争力。有别于城市或者其他小镇，特色小镇的竞争力体现在若干方面，而文化遗产及文化底蕴是提升竞争力的重要元素。文化遗产无可替代，独一无二的特色让小镇拥有独具魅力的竞争优势。

笔者调研的杏花村镇位于太原盆地西缘。杏花村的诗句，让我们领略杏花村酒都的盛名[181]。杏花村镇域面积86km²，交通便利。杏花村镇以酒文化为基础，发展旅游相关产业，带动小镇的经济发展。汾酒文化博物馆展示了千年文化遗产传承，吸引众多游客。杏花村镇历史文化悠久，利用新石器遗址等多处古建筑群，构筑了集传统古镇、酒文化融合发展的空间格局[182]。充分发挥当地特色酒文化，融合传统文化与现代产业发展，有效地提升小镇的竞争力。

（3）文化遗产成为特色小镇开展旅游业的基础条件

文化遗产作为特色小镇潜在发展的动力，与产业融合发展更能发挥小镇地域文化特色，将其转化为经济发展资源，整合部分文化遗产资源，根据不同的文化特色确立不同发展主题的小镇，发展文化旅游产业，丰富小镇的文化生活。将非物质文化传承融入特色小镇产业实体建设中，宗教文化、民俗文化、建筑文化与小镇建设融合一起，打造为极具特色的文化遗产小镇[183]。完善小镇的产业发展环境，将文化遗产融入生产、生活中并与良好的生态环境相结合，打造三生融合的产业小镇[184]。如部分具有少数民族文化遗产传承的小镇，将少数民族文化的风俗、习惯、居住空间等与旅游业结合，让游客在参观文化遗存的同时体验其民俗、民风特色，进而实现与文化遗产的全接触。

云南省建水县西庄镇毗邻建水古城，距县城仅10km，国道323线、蒙宝铁路、鸡石高速公路穿境而过，交通便捷[185]。特色小镇拥有21个少数民族，旅游资源丰富，镇内拥有众多文化遗产（表 5-1）。

西庄镇文化遗产统计表　　　　　　　　　　　　　　　　　　　　表 5-1

文化遗产资源	数　量
文物	207 处
国家级文物保护单位	2 个
省级文物保护单位	1 个
州级文物保护单位	2 个
县级文物保护单位	25 个
其他文物点	177 处
国家 4A 级景区	1 处（团山民居）
国家级传统村落	9 个
省级示范村	8 个

注：数量为 2015 年数据。

　　西庄镇民俗文化深受儒家思想和传统礼教影响，大多保留中原汉文化传统，有着汉彝文化融合的痕迹，如图腾崇拜、自然崇拜、祖先崇拜，民族文化形式多样，风格各异，是西庄历史文化中的文化精粹，拥有风格迥异的传统民居，雕刻精美的传统建筑，多样化的民间工艺等。这些优秀的文化遗产成为小镇特色产业发展的优良基础，构建起舒适便捷的旅游服务业。围绕丰富的文化遗产打造多样化旅游产业，不断健全小镇旅游基础设施，交通沿线打造包括购物、餐饮的露天休闲广场，米轨铁路文化广场，油菜花和玫瑰花田，绿色时光隧道等，建构独特亮丽的历史文化旅游风景线。我国古镇众多，均有深厚的历史渊源，为我们打造特色小镇提供了良好的文化遗产条件。

5.1.2　特色小镇文化遗产保护利用模式

　　文化遗产的保护再利用是世界性的重要研究课题，从国外到国内，从城市到镇村，国内外积累了丰富的保护经验，尤其在历史文化名城保护过程中，为当今具有历史文化遗存的特色小镇保护，提供了大量可参考的借鉴经验。从建设角度来看，主要分为拆除重建、修复再利用、保旧建新三种模式。

　　（1）拆除重建的模式。这种模式大量存在于我国的城镇发展过程中，部分文化遗产在城镇发展过程中逐渐消失。随着后期工业化的快速推进，片面追求城镇利益的最大化，大量古镇被拆除，新兴产业的污染对于原本环境良好的古镇亦造成一定程度的破坏，护城河水被污染，大量古树木遭到砍伐，古建筑拆除后改为工业用地等。旅游业的发展在一定程度上对遗产保护也造成一定影响，配建商业应运而生，抢占了原有的民居场所，使得原本狭窄的街巷两旁布满密密麻麻的商店。更有甚者直接拆除原有古街巷,大面积建设仿古建筑,原有历史文化遗存消失殆尽。

笔者调研的某古城,历史最早可追溯到大汶口文化时期,朝代更替,黄河改道,古城多次迁移,现今的古城墙源于宋兼顾唐制的规划思想而建立,受建造技术的影响,城墙多为土夯实建造。宋代古城参照唐代的"里坊制",全城为方形格局,随着制砖技术的成熟,明朝改为砖城。抗日战争时期,部分古城墙被推倒,1958年,政府开启新旧城分区而建的规划,后期规划多次对古城的建筑高度、色彩等进行限制,以求保护古城的整体风貌。随着经济的发展,古城保护重建也提上日程,然而,2009年的古城重建计划,并未按照当时同济大学编制的保护规划进行,而是大面积拆除原有的老街区,同时建设大量的仿古建筑。如今,古城内原有的古建筑基本被夷为平地,新建的仿古建筑比比皆是,古城历史街区原貌重建几乎没有可能。类似的大面积拆除现象比比皆是,在历史文化名城保护工作检查中发现的多地古城拆真建假的情况,致使文化遗产遭到破坏,历史文化名城、名镇受到严重影响。这些所谓发展文旅而建造起来的"古城",完全失去了真正古城的历史味道,而这类现象在未有太多名气的小镇中更易发生。

(2)修复再利用的模式。通常这类小镇规模不大,风貌格局保存较为完整,文化遗产留存较多,镇内基本为传统建筑留存,具备全面保护的可能。对此类小镇要以保护为先,严格遵照保护的相关法律规定。主要建设角度应为完善小镇的基础设施,改善当地的居住环境,提高小镇的交通条件等。主要解决保护与建设的矛盾,参照国内外较为成熟的城镇修复再利用案例,进行小镇的文化遗产保护更新。

平遥古城位于山西晋中,距离太原市约100km,有着2700多年的悠久历史,早在新石器时代就有人类居住繁衍生息,自秦朝设县治以来,延续至今[186]。平遥自初建时的土城,到明朝砖石墙的格局,保留至今,成为我国保存最完好的明清古代县城。平遥古城在成功申请世界文化遗产后,县政府对一大批文物进行重点保护,逐步开展文庙修复、护城河恢复等工程。在基础设施方面,政府投入大量资金改善古城的基础设施建设,对古城的上下水配套、电缆、通信等设施进行改造。对街道按原貌进行石板铺装,改善道路条件方便居民、游客出行。在民居保护方面,聘请专家研究合理的人口密度,搬迁部分住户,修缮具有历史文化价值的民居。在自然与人文环境方面,清理城区内有污染的企业,实施全天候上门收集垃圾的制度,改善古城的环境。同时深度挖掘古城的文化内涵,逐步恢复部分民间艺术与传承。然而,笔者调研中发现,部分文化遗产的保护还是存在一定差距,从游览导图上看,标注的火神庙、武庙等建筑,建筑遗存鲜有修复痕迹。学校搬迁后留存废弃的遗址缺乏管理,部分具有历史遗存的民居,改造为民宿客栈,改造后的建筑找不到原有建筑的肌理,历史文化遗存消失。古城内交通以步行与电瓶游览车为主,人流、车行相互交叉,街道更为拥挤。此类现象在修复再利用过程中应以保护为主,循序渐进修复改善,以保护古城历史风貌的完整性。

（3）保旧建新的模式。随着我国城镇化进程的加速,城镇化更新的要求逐步提高,对于部分无历史遗存的建筑拆除重建无可厚非,然而对于具有文化遗产的城镇来说,如若拆建势必造成无法恢复的破坏,像前面提到的全部拆除,建设仿古建筑的方式,势必破坏城镇文化,以致历史传承无法延续。所幸的是,人们对于历史文化遗产价值的认识逐渐增强,"自上而下"的保护机制逐步渗透到老百姓的生活里,自发的"自下而上"的保护更有利于文化遗产的传承。我国新型城镇化进程中开始的城市更新,不同于旧城改造的大拆大建,对于具有历史文化遗产的城镇,保护其已有城市肌理,划分不同保护等级,拆除私搭乱建的违章建设,恢复古城、古镇风貌,在保护范围之外建设新建筑,同时采取限制高度、色彩、形式等尽可能减少对古城镇风貌的影响。

丽江古城位于丽江坝中部,是少数没有城墙,保存较为完好的古城。丽江古城兼具山水之貌,风景秀丽,留存的茶马古道是古丝路的交通要道[187]。作为少数民族聚居地,文化遗产留存居多。这些文化遗产涉及了考古、历史、人文、宗教、美学等多学科领域,为我们研究古代文化提供了宝贵的财富。王浩锋、饶小军、封晨在《空间隔离与社会异化——丽江古城变迁的深层结构研究》中运用空间句法,实证量化研究了丽江古城空间隔离的深层结构,探讨了丽江古城如何在变迁中完整的留存[188]。古城保护过程中,首先确立了"保护优先"的原则,依据严格的法律、法规保护体系,划定保护范围。对于不可移动、拆除的建筑严格保护,但凡与保护相冲突的建设一律采取否决的态度;对于部分损坏的建筑进行保护性修缮;对于私搭乱建的建筑进行拆除,拆除高层及现代建筑,给古城腾出扩展空间,改善交通状况。政府通过多种渠道加大宣传引导,得到群众的普遍认可,为人们自觉保护古城提供良好的基础。对于河道污染、水源治理方面投入大量资金,治理河道,确保清洁水源的供给。移植古树名木,美化古城环境,统一管理商铺,销售与文化特色相关的产品等。修复名人故居,重建部分历史建筑,展示非物质文化遗产与传承。新建建筑一律进行严格的规划设计,保留传统风貌。此种保护方式在保护先行的基础上,严格控制新建建筑形式、规模等,最大程度上延续文化遗产传承,成为较为典型的"丽江模式"[189]。

从古城的文化遗产保护再利用模式来看,拆除重建的模式已然毁掉了全部的历史遗存,造成了城镇特色的历史文化缺失。修复再利用、保旧建新的模式还是以保护为主,在此基础上进行修复再利用,部分或全部保留了历史遗存,同时注入新的发展活力。历史文化名城、名镇、名村的保护再利用模式为当今具有大量历史遗存的小镇文化特色建设提供了宝贵的经验。

从运营模式来看主要分为居民使用、统一运营、混合使用三种模式。具体到不同的文化遗产特色与产业运营的相结合,可以采取多种运营模式并存。

(1)居民使用。多数文化遗产保留至今主要源于有人居住,不断使用,不断修缮。尤其作为居住使用功能的民居,祖祖辈辈传承至今,代代人居住生养不息。部分沿街的民居除去自身生活需求空间外,改造为具有商业功能的小店,亦有部分作为民宿,让文化遗产具有商业、体验功能。例如,笔者调研的某江南小镇,沿河面作为民居居住使用,沿街的空间作为小吃店或者当地特色丝绸小店等(图5-1)。

(2)统一运营。统一运营是开发过程中一种较为常见的运营模式,政府或者开发商统一收购小镇部分或者全部片区,按照小镇文化传承统一打造为具有某种文化特色的小镇。腾空居住的住宅,沿街规划为商业,背街面水的作为民宿使用,统一规划餐饮、住宿、游憩空间。部分名人故居修缮后作为参观空间,部分非物质文化遗产与博物馆相结合打造为民俗专题博物馆,或者与部分公共活动空间结合打造为旅游者可参与体验的戏曲文化场所。结合小镇民俗特色,开发相关旅游产品,像木版年画、剪纸、草编等非物质文化遗产,也可让旅游者参与其中。制作相关的旅游食品、用品、书籍等与互联网结合物流销售。

例如,2016年10月调研的古北水镇,坐落于长城脚下,位于北京市东北边陲,距北京市中心120km,京通铁路穿境而过,交通便利(图5-2)。古北水镇引入乌镇旅游、中青旅、京能集团等战略投资方,共同筹资建设,采取将原住居民全部迁出,全新打造,统一运营的模式。古北水镇历史悠久,文物古迹众多,历史上有大、小庙宇72座,多为明清建筑,现保存和修缮完整的有12处。近年来,运营商对长城姊妹楼、镇城北门、药王庙、令公庙等重点文物进行了修缮,对长城抗战纪念馆、古北口保卫战纪念碑进行了修复,对百家姓村、漏八分等地域文化进行整理,对镇志、村志进行修订和编纂,保护与传承长城文化、御道文化、民俗文化、抗战文化等文化资源。

图5-1　某江南小镇

图5-2　北京古北水镇

古北水镇采取收回统一进行运营的模式,设计中充分挖掘水镇特色,融入项目中,修复留存的民居,并复建部分具有北方特色的民居。结合非物质文化传承,打造文化展示体验区,传承古北水镇特色文化,使得古北水镇成为旅游特色与创意文化极为丰富,设施配套齐全,参与性及体验性均较好的北方特色小镇[190]。

（3）混合使用。此种模式亦较为常见,尤其在小镇开发之初多采用此种模式。部分仍以小镇居民居住为主,挑选一些文化遗产价值较高的进行开发运营。划为文保、控保单位的保留其原有功能,政府对其进行修缮改为博物馆、展览馆等。部分由个人收购,改造为创业空间、个人工作室或者特色产品小店等。像江苏省宜兴市丁蜀镇,有着7300多年的制陶史,从新石器时代至今,中间虽因历史原因偶有停顿,但从未中断,一直保持向前发展的旺盛生命力。陶瓷艺术无论从物质文化遗产、非物质文化遗产方面均有传承。有着"大师摇篮"之称的蜀山古南街,留有明代烧制至今的前墅龙窑,有国家级的中国宜兴陶瓷博物馆,更有遍布大街小巷、繁忙热闹的陶瓷商铺[191](图5-3)。早在明清时代,小镇就是"沿水筑城"的格局,一直延续至今。像蜀山古南街、葛鲍故居、陶批码头、大中街等历史建筑群都近水而建,白墙黛瓦、小桥流水,江南韵味十足。丁蜀镇有着向公众开放的历史遗址,为产业开放的陶瓷商城,蜀山南街留存的名人故居,非物质文化遗产传人开办的手工作坊、工作室,为小镇文化遗产的保护再利用提供了多样化的混合模式。

（a）蜀山古南街　　　　　　　　　　（b）前墅龙窑

图5-3　丁蜀镇保留的文化遗产

5.1.3　特色小镇文化遗产存在问题分析

（1）文化遗产建设性破坏严重

特色小镇建设过程中往往希望在最短时间内见到成效,加之技术人员的专业水平受限,建设过程缺乏理性的开发,甚至会造成新的破坏。通常在历史文化遗产作为旅游资源开发的过程中,首先对其外部空间形象进行部分改善,仅仅考虑外观色彩或者材质的大致相似,并未深入探究材料本身的特性以及构造的属地性。匆匆进行的建设性修缮,往往缺失适宜的保护措施,难以达到保护与更新的一致性。例如部分作为旅游开发的江南小镇,建设过程中对其沿河、沿街外立面进行了修缮。笔者多次调研中发现,外立面修复之初色彩亮丽,然而,南方多雨、空气湿润的环境,未经太长时间雨水的侵袭,便呈现灰、黑色的效果,甚至部分墙皮整片脱落(图5-4)。内部修缮状况更是令人担忧,很多遗存的匾额、门窗雕花年久失修,或被随意拆除更换。原本是清代风格的门窗与更换后的塑钢门窗混搭,木质梁柱与现代材料一起使用,因建设性破坏造成历史文化遗产的原真性大幅下降。笔者调研的一户住宅为清代民居、控保建筑,留存至今,17户人家居住其中。住户从最基本的生活需求出发,一层布置厨房,二层卧室,居住空间极其狭小。原本清代的门窗破烂不堪,部分更换为塑钢门窗,保留部分满足使用需求的木质梁柱结构,将无法使用的替换为现代材料将就使用。由住户引领下从后院到前门,发现中间的门厅还留有清代的木雕花格、镂空窗户,但仅仅只是保留而无实际使用功能,保护状况极差。这种现象并未因其入选历史文化名城、名镇、名村而改观太多,大多还是对其外立面,整体形象做部分外在的修复,而保护力度、完整度都相差甚远,随着年代的愈加久远,文化遗产的破损程度愈加严重(图5-5)。

(a)   (b)

图5-4　江南某小镇沿河立面修复前后对比

(2)文化遗产空间难以满足现代生活需求

随着城镇化进程的加快,我国小镇发展模式逐步由工业带动一产、三产的发展,而产业发展的基础条件是交通便捷。具有文化遗产的小镇,经过千百年的传承发展,无论陆路还是水系交通早已形成既定的肌理,这种既有的肌理空间往往与现代化生活、生产的需求存在一定矛盾。作为文化遗产流传至今的小镇,街巷尺度狭窄,难以承载现代城市中各类车辆的停置,阻碍交通的可达性,同时人车混行的现象也较为严重。依据笔者调研,小镇文化遗产空间由于缺乏停车场地,部分车辆占用人行空间,造成严重的人车混流。小尺度狭长的街道,游览的人群加之穿行其中的电动车、部分观光三轮车,使得原本小尺度街巷变得更为拥挤,安全性也存在一定问题。更为严重的是停车场问题,部分街区甚至采取了拆除原有历史街区、建筑群落改为现代停车场之用,对文化遗产保护以及原有街区肌理都造成了相应的破坏(图5-6)。

文化遗产区域与城市居民生活需求差距较大,随着人们对于物质生活需求的提高,居住空间面积要求也逐步增加。2016年我国人均住房面积在40.8m² [1],然而,对具有文化遗产

1　新浪网.人民日报:我国人均住房建筑面积达40.8m². [EB/OL].http://finance.sina.com.cn/stock/usstock/c/2017-10-07/doc-ifymrcmm9015130.shtml.

的特色小镇来说,上文提到的17户居住一家宅院的现象并不少见,大量遗产空间中的民居,虽具有浓郁的建筑文化风貌,但其设备设施、空间格局难以满足人们对于现代居住空间的需求。

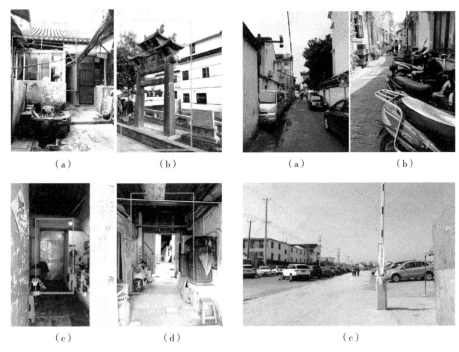

（a）　　　　　　（b）　　　　　　　　　（a）　　　　　　（b）

（c）　　　　　　（d）　　　　　　　　　　　　（c）

图 5-5　建设性破坏严重节点　　　　　　图 5-6　小镇停车空间现状

（3）文化遗产再利用片面追求短期经济效益

特色小镇是文化遗产的载体,在实际建设过程中,部分特色小镇追求短期的经济效益而不顾及文化遗产本身发展的需求,开发建设了众多"假文化遗产"。新建的诸多小镇往往流于形式,缺失文化遗产本身的特色,部分小镇缺少主导产业,与文化遗产融合度差,导致产业发展能力差。为追求利益最大化,部分小镇甚至挤占文化遗产空间,冲击文化的价值观。无论其原有功能如何,整条街巷均改为商业用途的门面房,类似现象非常普遍。调研中发现大量特色小镇整条街巷,在短期内被修建为商业用途的门面房,外观形态雷同,失去了文化遗产多样性的特色。部分原本为居住功能的建筑遗产,为了满足商业功能的需要,原有木构形式则被现代的钢结构、砖石结构替代,其遗产价值大打折扣（图5-7）。

（4）文化遗产对小镇特色提升作用不显著

特色小镇文化遗产本身具有多样性与复杂性,给传统文化的延续、创新以及产业发展带来一定困扰。文化是多元的,其多样化带来复杂性,丰富多元的文化遗产保留至今存在良莠不齐的情况。各地方政府在发展特色小镇的过程中对于文化遗产的认知度不足或者观念滞后，存在着凡是文化遗产一律进行保护传承，无论价值如何，一律进行商业化开发的观念，从而导致小镇特色提升不明显。甚至有些小镇打着文化遗产传承的噱头进行开发建设，最终沦为徒有其名的"空头小镇"。例如，部分南方古镇，对有历史遗存的街巷一律保留，清空街区内的住户，留存下来的名人故居打造博物馆之用。而多数原本为普通居民居住的宅院，其历史传承价值并不是太大，搬空后的宅院，无适当开发，只能空置，在无人居住的情况下破损加剧（图5-8）。此类特色小镇，仅给人留下某某名人故居、某博物馆之类的印象，难以成为特色延续的纽带。又如某小镇，位于成都某经济城核心区域，建筑面积16.1万平方米。小镇开发建成区域罕有与历史传承相关的内容，与其所处成都、西蜀的文化遗产关系甚微，缺失真正的文化灵魂，对于小镇特色提升作用不显著。

（a） （b）

图 5-7 部分历史街区建筑内外部改造图

（a） （b）

图 5-8 某古镇空置建筑图

5.2 特色小镇文化遗产对空间发展系统的作用机制

5.2.1 文化遗产演化影响空间格局蜕变

CAS理论认为,文化遗产随着岁月的变更是一个动态变化的过程,对于小镇空间格局的蜕变也起到了重要的作用。历史朝代的更替,使得文化随之而不同,历史遗留随之改变,空间格局也相应发生蜕变。例如,在运河发达的时期,小镇空间格局沿河布置,运河的通行带来沿岸的商业交换,使得商业空间多集聚在此。随着运河的衰败,铁路、公路的可达性发展,沿河的小镇空间格局逐步衰落。

笔者于2017年10月调研的宜兴市丁蜀镇特色小镇地处江苏省最南端,东临太湖、南靠浙江,位于长三角沪宁杭区域的几何中心,是"江苏省历史文化名镇",被誉为"陶都明珠"。丁蜀镇作为宜兴陶瓷的最主要产地,陶瓷文化源远流长,尤其是紫砂文化,享誉国内外。文化在不同朝代更替前行,空间格局随着不同时期文化遗产进行更替、演变。[1]

14世纪前村镇点状散落形成了点状分布的空间格局,较早出现的陶瓷作坊多聚集在南山矿山附近,形成了陶瓷产业的主要聚集区,陶瓷业的发展推动了小镇的发展。

17世纪后期陶瓷产业发展成为主导产业,逐步形成了团状分布的空间格局,村镇主要聚集在青龙山、黄龙山陶瓷矿产丰富的区域,通过便捷的水运发展生产,蜀山成为明清时期的兴盛之地。

20世纪初期陶瓷产业沿水系呈带状分布,逐步形成了带状分布的空间格局,此时公路兴起,交通方式逐步转变,丁山发展迅速,形成了丁山、蜀山、汤渡的三镇鼎立之势。

20世纪中期陶瓷产业规模发展扩大,丁山、蜀山、汤渡三镇连为一体,形成了绵延成片的空间格局,配套空间逐步完善,形成生产、生活相结合的发展模式。

近年来,利用丁蜀镇特殊的山水自然资源,围绕南山、青龙山、蜀山、台山等山体相继出现了汤渡、丁山、蜀山等重镇,形成三镇鼎立的发展格局。利用历史上水运的重要作用,以画溪河、白宕河、蠡河为主的河流,串联整个丁蜀镇空间发展以及对外拓展的主要脉络。在遗产保护、生态通道、文化传承上串联形成文化遗产廊道的发展空间[192]。随着城镇的发展,原有的城镇空间在不断发展中逐步扩张,新的空间结构在传承文化遗产的同时,逐步形成"一核两翼、三轴四区"的格局。

5.2.2 文化遗产升级成为空间地标节点

众多特色小镇历史文化悠久,城镇文化遗产的集聚地往往是小镇的发源地。在小镇空

---

1 参考同济城市规划设计研究院、丁蜀镇政府相关资料。

间不断发展过程中,城镇空间的发展演化与城镇文化遗产有着千丝万缕的联系。鉴于我国城镇发展的经验,小镇的空间发展往往分为"旧城"与"新城"。新城发展大多由于产业的扩张、人口的增长、公共配套的完善等因素叠加而逐渐形成。相对而言,旧城的基础设施、公共配套相对落后,但是由于文化遗产丰富,空间宜人等条件,往往是城镇的活力空间,如果加以升级改造,则较易形成小镇空间的地标节点。

(1)文化遗产空间成为标志性商业活动空间

文化遗产发展过程中与产业相结合,呈现多样性发展,较为普遍的是与旅游产业融合发展为特色商业。改造文化遗产空间成为当地极具特色产品的售卖地,往往成为小镇文化遗产空间发展的主要手段。笔者调研的特色小镇沿街、沿河区域多采取此方式。震泽镇位于江苏省苏州市东南,镇域总面积96平方公里,地理位置优越,半小时可达上海,2小时到达南京、杭州等长三角主要城市。震泽镇物产丰富、历史悠久,是有名的"丝绸之府",古镇留有3.5万平方米的古建筑街区,文化遗产斗鱼蚕桑与商贸历史相关。因此,在打造苏州丝绸特色小镇中,利用现存的历史文脉与文化基因,结合现有产业形成生产、生活、生态融合发展的小镇。沿河小镇文化遗产空间结合丝绸产业成为极具特色的商业展示空间,部分文化遗产空间与当地特产结合成为品味美食的商业空间(图5-9)。作为着力打造的文化旅游特色街区,其主要文化遗产空间成为极具标志性的商业活动空间,沿河两岸布满特色小店,吸引大量人流涌入,形成独特的江南特色文化遗产空间。

(2)文化遗产空间成为标志性开放式活动空间

特色小镇文化遗产空间多样化,大多留有民俗文化、庙会文化、戏曲文化、会馆文化等,这些空间作为文化特色空间,自古以来多为汇聚好友、逛庙会、听戏曲的聚集地留存至今,文化遗产空间较多地保留了原有的特色,成为更具开放性的公共活动空间,提供可参与性活动场所(图5-10)。部分开敞空间可作为展示民俗风情的公共广场,展示民俗特色,吸引

图5-9　震泽镇文化遗产空间图　　　图5-10　古北水镇开放式活动空间图

大量人群节假日的参与。像北京古北水镇，每年在日月岛广场举办的民俗庙会等活动，游客可以参与其中。大型文化节目北方庙会、古北水镇过大年等成为重要的传统活动，文化遗产空间成为极具特色的开放式活动空间留存至今。

（3）文化遗产空间成为重要高度标识节点

特色小镇多是具有历史遗存的古代小镇，虽然规模不大，但都较为完整地保留了古代城镇的特色，留存城墙、城门、护城河、角楼、塔院、牌坊等古建筑，这些古老高大的建筑成为重要的高度标识节点。部分小镇还具有一些特定产业，如酿酒、酿醋、陶瓷等，这些产业遗留下来的作坊，如高高的烟囱，成为其标志性的空间遗留。

江苏宜兴市丁蜀镇，古南街邻蠡河河岸，沿蜀山山脚，各家店铺依山傍水，鳞次栉比。目前保存完好的明清老街长370m，街道风貌均具有典型的江南水乡特色。古南街曾是丁蜀陶器烧制和交易中心之一，也是紫砂艺人的集中居住地，紫砂文化的诞生地之一。古南街历史文化街区已成为研究认识紫砂生产及其文化的重要历史场所，至今仍保留着陶窑，高高耸立的烟囱，成为文化广场的标志性入口，同时结合引导性标识与构筑物，塑造入口的可达性（图5-11）。

图 5-11　保留地标性节点改造图

资料来源：根据丁蜀镇政府提供资料绘制。

5.2.3　文化遗产改变引发空间结构替代

CAS理论认为特色小镇的发展是一个动态变化的过程，在历史发展中动态前行，逐渐形成固有特色。保存良好的特色小镇文化遗产，一定会维系风貌的原生性，以及肌理的连续性。然而，特色小镇文化遗产的使用功能会不断修正、微调甚至彻底改变，这种改变也会影响小镇空间发展的断续，甚至引发空间结构的替代。

例如,江苏省甪直镇位于江苏省苏州市东南,镇域总面积120km²,甪直古镇有着与苏州古城同龄的2500年悠久历史,留有保圣寺、陆龟蒙遗址、叶圣陶纪念馆、沈宅、萧宅、万盛米行、江南文化园等多处文化遗产。随着后续旅游开发的发展需求,部分名人故居不再作为居住之用,逐步开放为供游客参观的场馆。沿河、沿街的部分住宅由政府或者开发商收回后作为商业、小型展馆之用,部分较大空间遗址开放为公园,供游客参观游览(图5-12)。随着文化遗产功能的改变,空间结构逐步发生演替,形成与功能相适应的空间形态。

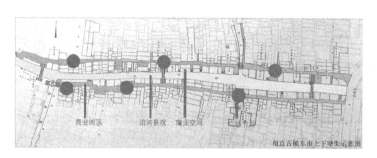

图5-12 甪直古镇街区示意图

文化遗产作为特色小镇重要的子系统,是体现小镇独特性的决定性因素之一,也具备塑造小镇空间格局关键节点的先天优势。文化遗产演化、升级、改变会影响空间发展格局的蜕变,甚至引发空间结构的替代等。文化遗产对于空间发展系统作用巨大,合理地保护、利用、传承文化遗产能够提升小镇空间品质,塑造历史氛围浓郁、活力多样性的空间环境。文化遗产对空间发展系统的作用机制如图5-13所示。

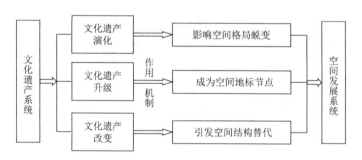

图5-13 特色小镇文化遗产对空间发展系统的作用机制图

5.3 特色小镇空间发展对文化遗产系统的作用机制

5.3.1 多样式重构空间焕发文化遗产生机

依据笔者调研,受限于文化遗产保护优先的原则,大多采取维持原貌的措施,加剧了遗产片区基础设施严重滞后、交通不畅等问题。大量文化遗产的再利用功能相对较弱,导致了低端人居环境的形成,甚至成为小镇整体空间环境的不和谐音符。因此,特色小镇空间发展应该统筹考虑整个镇区文化遗产的可持续化利用,多样式部分遗产空间重构,从而焕发文化遗产再利用的生机。例如,杭州云栖小镇内部多工业遗产,建设用地较少,缺少居住、配套等设施用地。在避免大拆大建的基础上,重构工业遗产空间的发展,注入产业研发、办公、配套、生产等功能。结合遗产空间形态,新建部分院落空间,注重与新兴产业的融合发展,结合水体布局,形成丰富的街巷空间。利用小尺度空间,结合山体、水系、遗产建筑,营造曲径通幽的空间感。设计单体较小,建筑高度较低,形态丰富的空间,使得文化遗产的活力得到显著提升。

5.3.2 开放式自然空间活化文化遗产利用

特色小镇的选址及建设深受中国传统文化影响,或邻水而居,或依山而建,小镇布局与自然山水环境融为一体,构筑山水人居的自然格局[193]。特色小镇文化遗存大多位于自然环境俱佳的区域,如何让自然空间与文化遗产互为补充、相得益彰是值得研究的课题。然而,随着历史的变迁,许多自然空间发生较大变化,或者河道填埋,或者山包移除,空间本底的改变也会严重影响小镇的文化及遗产价值。部分特色小镇空间发展,注重历史上自然山水环境的研究,通过还原或者疏导的方式,展现其历史环境风貌。部分特色小镇则重新梳理生态环境,将绿化景观、小桥流水、古树怪石等延绵成片,从而构筑自然环境与文化遗产互相映衬的格局,成为小镇极具特色、最能体现历史文化的节点空间。

5.3.3 合理性过渡空间保护文化遗产传承

CAS理论认为,特色小镇外部空间具有自组织扩张与跳跃的特征,随着历史的发展,小镇的空间格局会不断扩张。部分小镇的扩张围绕遗产片区发展,形成既有的文化遗产片区位于小镇整体空间中心区域的格局;部分小镇则跳跃脱离遗产片区独立发展,形成遗产片区位于小镇整体空间一侧的格局;亦有小镇沿着河道或者山脉发展,这一类遗产则往往呈线形分布,贯穿整个小镇(图5-14)。遗产片区与小镇后来发展片区的交叉,对保存遗产片区完整性存在较大压力,如果不能合理规划小镇空间,则往往容易造成遗产片区保护与小镇空间扩张发展的矛盾。因此,合理规划小镇的外部空间布局,在遗产片区周边预留过渡空间,以保存遗产片区的传承,不受城镇空间扩张的侵蚀[194]。过渡空间的设置应适当考虑建筑高度、密度肌理、外观形态、道路交通等多方面因素,为文化遗产的传承发展创造条件。

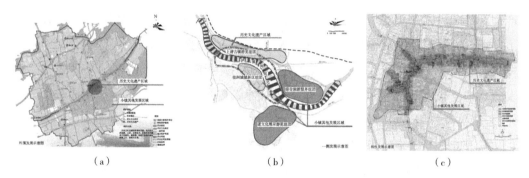

（a）   （b）   （c）

图5-14　文化遗产空间外围发展格局、一侧发展格局、线形发展格局示意图

资料来源：根据相关规划图改绘。

　　特色小镇的空间发展应该尊重文化遗产的现状，空间发展对于文化遗产的作用体现在多个方面，相互融合，并对文化遗产的保护、再利用起到积极作用，两者的作用机制见图5-15。

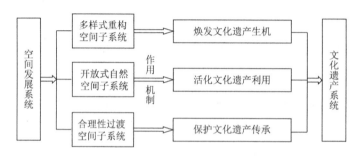

图5-15　特色小镇空间发展对文化遗产系统的作用机制图

5.4　特色小镇文化遗产与空间发展系统的协同机制

　　CAS理论认为，特色小镇文化遗产与空间发展间的复杂作用并非无规律可循，而是存在自组织作用并且按照一定的原则进行自组织更新[195]。按照从局部到整体的范畴，文化遗产与空间发展的协同机制可以分为三个层次，即单体建筑遗产与空间发展协同、遗产街区与空间发展协同、遗产片区与空间发展协同。

5.4.1　单体建筑遗产与空间发展协同

　　从建筑维度来看，文化遗产保留至今，部分建筑存在破损严重的问题，考虑到既有空间与现代生活需求之间的差异，修复或者加建部分空间满足现代生活的需求，成为文化遗产传承更新的主要方式。例如，苏州平江历史街区，多数民居在传承过程中增加部分使用功能空间，以满足居住的需求。部分民居在改为民宿功能时，当原有的空间无法满足居住需求时,在保留原有文化遗存的基础上,在局部院落空间新增居住、餐饮、服务的使用空间。改造为博物馆使用的宅院,在空地处增加部分服务空间。部分商业、学校、办公等文化遗产建筑也较多采用这种方式,既保留了原有的历史文化遗产,又新增部分空间以满足使用者的需求。

5.4.2　文化遗产街区与空间发展协同

从街区维度来看,具有历史文化价值的街区尽可能保留原有风貌特征,减少大拆大建的现象,以维护其完整性。在空间结构优化过程中,整体空间的微更新更加适宜街区历史文化遗产的保护,可以通过增加停车场等基础设施,改善生态环境等营造宜人的街区环境。例如,江南某小镇,最大程度地保留了街区的完整性,保留了街道、民居、园林等历史文化遗产;在空间发展过程中,在保留街区风貌的基础上修复部分民居,增加基础设施,恢复河道,增加停车空间等,采取微更新的方式逐步进行;保留既有历史遗存建筑,拆除私搭乱建的无保护价值的建筑,新增部分空间尽可能在建筑的形式、色彩等方面延续传统风貌特色(图5-16)。

(a)　　　　　　　　(b)　　　　　　　　(c)

图5-16　小镇空间更新图

5.4.3　文化遗产片区与空间发展协同

从镇域维度来看,原有小镇空间发展有一定的局限性,完全拆除重建的方式对历史文化遗产造成一定的破坏,甚至导致其完全丧失。保留具有历史文化遗产的小镇,另外建设与需求相配套的"新小镇",小镇新建空间成为历史文化遗产空间的补充,新、老小镇的延续更新成为小镇契合发展的有利模式。

例如,乌镇东栅与西栅,东栅主要是传统文化遗产小镇的保留,西栅面积是东栅的3倍多,新建展览区、休闲区、体验区、酒店等,基础设施完善,是一新型古镇社区。东栅位于南北市河以东,具有深厚的文化底蕴和传统的水乡风貌,小镇建筑保护面积达到6万 m^2。东栅留有老街、作坊、民居等特色遗产,在原有文化遗产基础上,注入部分商业气息,尽可能地保留小镇原汁原味的特色。

西栅位于乌镇西大街,毗邻古老的京杭大运河,有别于东栅以旅游观光为主,西栅是以休闲、度假、商务为主的集水乡特色于一体的人文体验区。西栅镇域面积71.19km²,建成区面积2.5km²,60多座小桥串联起12座小岛,具有全国最多的石桥与河流。西栅大量保留了老街、京杭大运河等文化遗产。为满足现代生活的需求,酒店、民宿以现代建筑为主,空调、天然气、网络等设备均以现代化设施为主,街区建有高级商务会馆、养生馆、酒吧等现代化娱乐休闲场所。

一河之隔,传统文化与现代文化交相呼应,东栅最大限度地保留了传统文化遗产空间。西栅就如同东栅空间的补充,将缺失的现代生活融入其中,成为小镇新老空间的传承与延续(图5-17)。

图5-17　乌镇东栅与西栅区域位置图

特色小镇文化遗产通过单体建筑、遗产街区、遗产片区与空间协同发展,生成文化多样性空间发展系统(图5-18)。

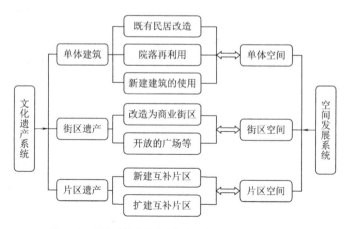

图5-18　特色小镇文化遗产与空间发展系统的协同机制图

5.5　特色小镇文化多样性空间发展系统及案例分析

5.5.1　文化多样性空间发展系统架构

简·雅各布斯的《美国大城市的死与生》[196]第一部分研究了城市系统的有机复杂特征,较早提出了人们对于城市复杂性的认知。第二部分城市多样化的条件,研究了产生城市多样性的因素与发展。多样性源于生态系统,最早由生态学家提出,生物的多样性成为评价生态良好的重要标准。具体到特色小镇系统中,主体种类繁多,相互作用的方式、相应规则表现出多样性,多样性是特色小镇文化遗产的基本特性,并通过丰富的文化形式来传承与弘扬。

特色小镇文化遗产发展过程中单体建筑的产生和不断发展的过程中,相关功能的建筑逐步衍生,聚集成群体建筑,建筑的部分特色彰显,成为当地文化特色的体现。建筑群落衍生发展形成街区,街区范围不断扩大化发展成为绵延的片区。文化遗产随着时代的发展不断循环进化,从小范围扩大到大范围的聚集,直到空间发展受到限制。这种复杂演化过程在特色小镇文化遗产与空间发展中呈现出多样性,并对特色小镇提升产生重要作用。文化遗产可成为旅游业发展的基础条件,提升小镇特色竞争力,成为小镇知名度的名片。文化遗产的演化、升级、改变带来空间的演化甚至替代。

文化遗产是构成历史文化空间的基本要素,承担着文化空间的灵魂作用,赋予空间历史内涵与文化底蕴。文化遗产的多样性发展,落实到空间发展上呈现出聚集性或者线性分布的特征。特色小镇空间再利用过程中对聚集性文化遗产,尽可能采取整体保护密集区的文化环境;对线性分布的文化遗产在其沿线的外围空间一侧或者两侧绵延发展。特色小镇多样式复合空间、开放式自然空间、合理性过渡空间的发展提升文化遗产的活力,有效保存文化遗产片区的完整性。

通过文化遗产与空间发展的自组织更新原则分析,可以看出文化遗产演化具有阶段性,更新过程具有复合多样性,其空间发展过程中亦呈现阶段性及多样性。文化遗产与空间发展相互作用过程中,不断竞争与协同,在"生成"+"构成"协同机制下,文化遗产或成为特色小镇空间发展的核心聚集区,或成为特色小镇绵延发展的历史延长线。新老空间的聚集与替代,实现文化遗产历史与现代的对话。特色小镇发展中应注重文化遗产的多样性,使空间发展适应文化遗产的发展,从而满足小镇主体对于多样性的需求。在此研究基础上,构建文化多样性空间发展系统,详见图5-19。

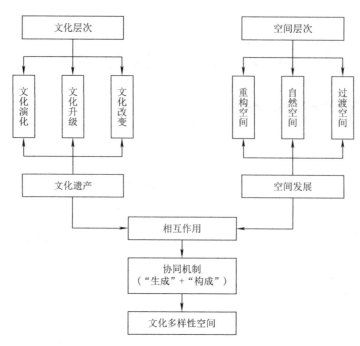

图 5-19　特色小镇文化多样性空间发展系统体系图

5.5.2　文化多样性空间发展案例分析

2017年7月,笔者对景德镇地区进行实地调研,主要采用现场观察法、询问法等方法获取第一手资料。

景德镇地处皖、浙、赣三省交界处,是浙赣皖重要的交通枢纽城市,位于江西省东北部,地处黄山、怀玉山余脉与鄱阳湖平原过渡地带,镇域面积5256km²。境内昌江、西河、南河过境,森林资源丰富,森林覆盖率达到70%,拥有丰富的矿产资源,盛产的高岭土,成为享誉世界的景德镇瓷器的重要原料。基于上述构建的文化多样性空间发展系统体系,本节以旧厂区改造的陶溪川文化片区为例,实证研究特色小镇文化多样性空间的生成。

1. 景德镇陶溪川文化多样性空间影响要素分析

景德镇陶溪川文创街区是一个复杂的多样性的空间,涉及老厂区的搬迁、新建及棚户区改造,同时要推动文化遗产创意的发展,具有典型的发展特色。文化多样性空间发展受到诸多要素的影响,根据相关资料及实地调研提取主要影响要素:区位交通、历史渊源、文化遗产。

（1）影响要素一:区位交通要素的影响

从区域交通要素来看,景德镇曾是历史上最繁忙的水运路段,随着铁路、高速公路的快速发展,昌江水位较浅,通航能力有所限制,水运交通位置逐步下降,成为辅助的运输通道。景德镇作为重要的高速枢纽城市,拥有景婺黄、德昌、景鹰、杭瑞众多高速道路。国家级高速公路G56杭瑞高速公路贯穿东西全境。景德镇是江西铁路枢纽城市,皖赣铁路时速达

200 ～ 250km/h，北接京沪线可达上海及北方城市，南可至福建。优越的区域交通为景德镇提供了便利的发展条件。

（2）影响要素二：历史渊源要素的影响

从历史渊源要素来看，景德镇陶器具有1800多年的历史，瓷器具有1600多年的历史，手工制瓷技艺精湛，流传至今留有大批瓷窑，随着入选第一批国家非物质文化遗产名录，镇窑也逐步开启保护修复之路。

李约瑟（英）曾高度赞扬景德镇瓷器工业的发展[197]。景德镇瓷器在近现代历史发展中仍占据全国瓷器重要位置，不断追求创新产品的发展，日用瓷、艺术瓷、建筑瓷、电子瓷等产业成为其瓷器生命力延续的支柱。近年来，众多国际、国内瓷器大会在此举办，2018年首届遗产地DIBO[1]论坛更是授予景德镇陶瓷工业遗产博物馆的国际奖项。陶瓷传承成为景德镇特色发展的关键要素。

（3）影响要素三：文化遗产要素的影响

从文化遗产要素来看，景德镇第一家机械化陶瓷工厂——宇宙瓷厂于1958年成立，开启了陶瓷行业的工业化时代。20世纪80年代，宇宙瓷厂更是被外商称为"中国景德镇皇家瓷厂"。曾经的十大国营瓷厂历经手工机械到柴窑、煤窑、油窑、汽窑的转变，奠定了景德镇陶瓷业的基础，成为江西省重要的工业基地。随着现代工业的发展，行业慢慢陷入困境，瓷厂逐渐走向衰退。曾经喧嚣的厂区逐渐衰落，留下众多瓷厂车间及家属楼（图5-20）。根据实地调研，发现主要存在如下问题：

图5-20　景德镇陶溪川文化遗产修复前图片

资料来源：北京清华同衡规划设计研究院。

1　DIBO 为设计主导的投资建设运营一体化的简称。

①文化遗产保护缺失：作为历史见证的重要遗存的车间停止运作。随着年代变迁，木结构屋顶逐渐损毁，门窗破碎，无保温、防水等措施，砖墙粉化严重。

②文化遗产再利用缺失：曾经见证瓷厂历史的老厂房、窑炉、60m的烟囱在原工厂停产后，由于此类工业的发展受到政策限制，难以再利用到新兴产业中。曾经辉煌的现代瓷业工厂，历史遗迹众多，厂房破败废弃，厂区杂草丛生，这些承载着瓷文化的工业遗产变得破败不堪。

通过相关资料及实地调研，获取景德镇陶溪川文化多样性空间影响要素，如区域交通、历史渊源、文化遗产等，为陶溪川特色小镇发展提供了基础，见图5-21。

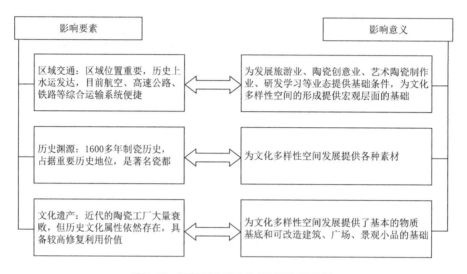

图5-21　景德镇陶溪川文化多样性影响要素图

2. 景德镇陶溪川文化遗产与空间发展的作用机制分析

（1）景德镇陶溪川文化遗产作用机制分析

CAS理论指出，文化遗产的改变、升级、演化影响空间发展的改变，甚至空间结构的替代。有着千年陶瓷文化和百年工业遗产的景德镇陶溪川，采用摒弃全部拆除重建的模式，利用遗产与记忆重新塑造追忆的场景空间。景德镇文化遗产丰富，中心城区有历史文化街区1处，国家级保护单位1处，留有老窑址6处，传统里弄40条，重要历史建筑55处，传统风貌建筑320处[198]。陶溪川文创片区中的宇宙瓷厂于1958年成立，留下许多反映当时工业生产的遗迹及厂房建筑。围墙、厂房、构筑物、烟囱、墙壁、砖瓦作为那个时代的印记，留存于现实的空间里。对陶溪川而言，20世纪50～90年代各时期的文化遗产，成为空间发展的重要记忆。因此，保护性开发成为陶溪川空间发展的重要责任，将陶瓷文化创意产业与现代服务业融入文化遗产中，传承与发扬陶瓷文化。

根据文化遗产留存划分为旧建筑遗产、旧厂区环境、新建建筑等子系统，利用积木机制对其进行拆分，如旧建筑遗产子系统分为旧厂房，旧库房等建筑，旧窑址建筑，旧宿舍建筑等子系统。当文化遗产系统发生改变时,空间发展系统通过自身的改造适应其改变,改造为商业、展览、酒店住宿等空间,传承文化的同时适应新的需求。文化遗产对空间发展系统的作用机制见图5-22。

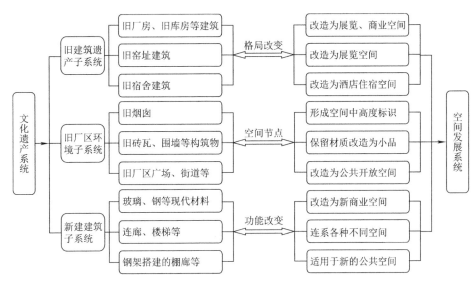

图 5-22 景德镇陶溪川文化遗产对空间发展系统的作用机制图

(2)景德镇陶溪川空间发展作用机制分析

根据系统间作用机制分析,多样式重构空间焕发文化遗产生机,开放式自然空间活化文化遗产利用,合理性过渡空间保护文化遗产传承。将陶溪川空间发展系统,利用积木机制分为多样化空间子系统、既有环境空间子系统、外围空间子系统。陶溪川文创片区改造过程中,保留22栋老厂房以及166亩厂区,利用原有的高大空间结合新型产业进行功能布置,利用烧炼车间打造为现代特色的遗产博物馆、美术馆,利用原料车间打造为现代陶艺体验区。改造区域中保留窑炉与瓷产品展示相融合,保留厂房外皮,高大空间内部做钢结构夹层处理,满足现代产业对于空间的需求,多样化空间子系统使得文化遗产生机重现。原本北侧山上流水为制瓷工艺拉胚使用,空间改造中设计了水池,呼应过去的地理环境,唤醒我们对文化遗产的保护延续[1]。同时,将极具代表性的工业零件放置广场中,开放式空间将文化遗产与现代艺术空间相融合,提升文化遗产活力。对周边环境进行建筑高度的控制,同时预留出发展用地延续文化遗产空间再利用。

通过系统间的作用机制提升空间发展系统,营造好空间场景后,植入合理的现代产业,推动文化遗产的"活化"。陶溪川定位为"年轻人造梦空间",致力于打造一个"景漂"族的精神家园。将陶瓷文化作为基底,融入手工制作、技艺培训等产业,使原有的瓷文化手艺传

---

1 参考北京华清安地建筑设计有限公司以及北京清华同衡规划设计研究院有限公司相关资料。

承下去。引入瓷文化等相关活动,将瓷文化发扬光大。以"传统+时尚+艺术+高科技"的理念,让年轻人在实践中得到文化熏陶,同时也给年轻人创造巨大的创业空间。通过空间发展系统的营造,提升了文化遗产活力,与文化遗产相得益彰,保持了文化遗产场景的原真性,空间发展对文化遗产系统的作用机制如图5-23所示。

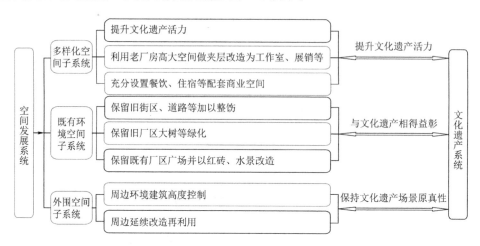

图5-23 景德镇陶溪川空间发展对文化遗产系统的作用机制图

3. 景德镇陶溪川文化多样性空间生成

如上文所述,就陶溪川文创片区而言,文化遗产与空间发展子系统相互作用、相互影响、协同发展并最终形成文化多样性发展空间。如何保护与活化陶溪川的老厂区、老窑址、老里弄,保护好文化遗产,重塑新的发展空间成为景德镇重振辉煌的关键。如何在陶溪川已有的文化遗产空间中植入新的业态,保持既有文化属性,成为关注的焦点。景德镇陶溪川文创片区,传承与重塑融合发展的多样性空间,一期以原宇宙瓷厂22栋老厂房为核心,建成陶溪川文创街区,总建筑面积8.9万 m²,自2012年开始历经三年的精心打造已正式开放。

(1)单体建筑文化遗产多样性空间的塑造

原宇宙瓷厂的烧炼车间打造为工业遗产博物馆,厂房内保留了圆窑、煤烧隧道窑、汽窑烧隧道窑,串联起三个时期窑炉的参观线路。文化遗产传承、历史空间重塑、新时代空间发展的融合,记录了工业文明的延续与传唱。

本着"以旧修旧"的原则,将设计中老建筑撤换下来的砖瓦,用作翻新风格迥异的老厂房。改建与新建相结合,将商业贸易、酒店餐饮、文化创意、艺术交流、会展博览、休闲娱乐等功能业态,融入百年工业遗产中。

改建区域,要尽可能保留文化遗产,从"场所记忆"的视角全新阐释历史的印记,对于墙面上留有文字及历史痕迹的墙体采用适宜的技术加以保护再利用。避免使用过于鲜艳的色彩,突出原有厂房的材质,局部加入玻璃、百叶等现代元素,与原有空间融合在一起。对于原有类似的排水管、通气口、砖砌墙体等时代特色的元素进行保留,或者移植到新的空间中。在厂房内部空间设置小平台、小广场、玻璃LOFT等,丰富原有的空旷空间(图5-24)。

（a）　　　　　　　　　　　　　　　（b）

（c）　　　　　　　　　　　　　　　（d）

图 5-24　景德镇陶溪川文创街区

（2）历史街区文化遗产多样性空间的发展

保持原有厂区空间的格局及肌理,依照既有的街区风貌、空间尺度进行改造。同时,注重使用原有的材料,在既有街区保留原有绿树,增设小品绿化等,塑造多样性文化空间。进入陶溪川,穿过流水的街区,展现在我们眼前的是高大茂密的原生态树木,爬满绿藤的老厂房墙面。从外部空间看,流水、树木、烟囱、水塔、老厂房、老窑址依然存在,但是它们的空间结构已经过全新改造并融入了新的功能。高高耸立的烟囱、曾经废弃的机器成为广场的标志、雕塑。老厂房"长出"玻璃屋顶,变身为时尚咖啡厅、美术馆、创意工作室。

（3）历史片区文化遗产多样性空间的重塑

陶溪川整个片区塑造了多种文化空间,既包括旧厂区的创意改造、展览空间,也包括办公科研空间、广场休闲空间等。将园区南北主干道西侧的两栋大厂房,改造为瓷文化元素创作室,融入创作设计、展览展示、文化交流、瓷器艺术品销售等元素。结合已有空间打造展示文化传承的博物馆以及面向现代年轻人的创意产业园区。教学片区配建教学楼、科研中心、图书馆、艺术展厅、综合办公楼等教学科研空间。秀场片区配建演艺广场、演艺大厅,满足各种演艺对于活力空间形式、场地、效果等方面的需求。双创公寓、双创办公楼、资源平台,为双创人员提供良好的办公环境以及公共资源平台,以激发双创人员的创造与创新能力。

景德镇陶溪川空间发展具有复杂多样性,搬迁、新建及改造的同时需要推动既有产业发展为文化创意产业基地,为陶瓷产业从业人员塑造良好的宜居空间。陶溪川是一个开放、共享的新时代空间,在保留老厂房原有风貌基础上加入现代设计元素,配套现代服务设施与文化资源,打造以陶瓷文化为核心的,可与世界接轨的艺术创意交流平台。文化多样性空间发展给景德镇陶溪川赋予了新时代的内涵,使其焕发出更具魅力的时代价值,生成文化多样性空间发展系统(图5-25)。

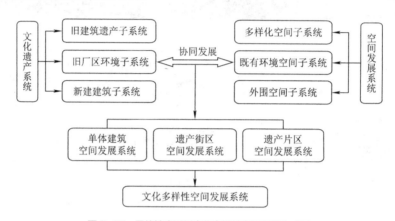

图5-25 景德镇陶溪川文化多样性空间系统生成图

5.6 本章小结

我国幅员辽阔,历史文化传承深厚,数量众多的特色小镇地域性历史遗迹丰富。文化遗产是特色小镇复杂系统的一个重要组成部分,然而,镇区大多存在基础设施落后、建筑破损、环境恶化等问题。文化遗产的保护利用与小镇居民生产、生活等诸多要素有千丝万缕的联系,并最终与小镇空间发展形成一种动态平衡。

本章在大量实地调研以及相关课题研究的基础上,对特色小镇文化遗产要素进行分析,研究文化遗产对空间发展的作用机制,空间发展对文化遗产的作用机制,分析两者的协同机制。从中可以看出,若小镇文化遗产与空间发展良性耦合,则容易塑造出特色鲜明、文化氛围浓厚的特色小镇。若小镇文化遗产与空间发展互不协同,则往往会成为小镇破败的诱因,或因形态差异巨大而导致不和谐发展。特色小镇文化遗产与空间发展协同机制作用下,构建文化多样性空间发展系统体系。选取文化底蕴深厚的景德镇陶溪川片区,从系统影响要素入手,分析系统间的作用机制和协同机制下生成的文化多样性空间系统体系。

　　合理利用好文化遗产对于增强特色小镇竞争力,体现小镇特色起着不可或缺的重要作用。特色小镇文化遗产的保护利用,应遵循科学合理、循序渐进的原则,注重文化遗产的多样性发展,使文化遗产与特色小镇的整体发展相契合,并构筑小镇最富有特色、最具备活力的空间。依据CAS理论,文化遗产与空间发展的协同绝不是单一维度的,多学科、多群体、多模式的介入,对于特色小镇文化遗产多样性空间发展将起到积极的作用。

第6章 特色小镇生态非线性空间发展系统分析

▶▷

生态环境是特色小镇的保障系统,为小镇发展提供良好的环境基础。本章基于上述构建的系统体系,运用系统分析法,分析特色小镇生态环境要素、生态环境与空间发展的作用及协同机制,基于此构建生态非线性空间发展系统,并以京南湿地小镇为例解析其系统生成过程。

6.1 特色小镇生态环境要素分析

6.1.1 特色小镇生态环境资源丰富

特色小镇通常与大城市有一定距离,人口相对较少,河流、山体、湿地等资源丰富,生态环境良好,成为小镇发展的最大优势。丰富的生态资源成为小镇特色发展的基底,突出表现为特色小镇受传统文化影响,选址大多毗邻山、水、林、湖等生态资源丰富的区域。由于建设区域相对较少,特色小镇大多绿化覆盖率高,生态基底浓郁,周边大多林木茂盛,为小镇提供良好的绿化活动空间。

例如,甘肃省临夏州和政县南部的松鸣镇,镇域总面积67km²。甘肃省太子山国家级自然保护区辐射整个镇区,镇区内山清水秀,名胜古迹众多,自然景观玉凿天成。松鸣镇位于大、小峡河交汇处,南依太子山,与周边自然山水环境和谐相融,形成了独特的"山、水、田、城"空间格局(图6-1)。良好的生态环境为小镇的特色发展提供了契机,松鸣镇建设上秉承"绿色生态、城乡一体"的原则,坚持"创新、协调、绿色、开放、共享"的发展理念,在尊重自然环境的前提下,充分利用其优越的自然生态资源。一方面,发挥水资源优势,以水造景,营造"陇上水乡"的风貌意向;另一方面,大力发展周边田园风光,通过大规模种植油菜,保护和整治周边自然村落等方式来强化传统村落景观效果,依托镇区内特有而西北地区相对稀缺的"青山、绿水、田园"等资源,营造出和谐宜居的优美环境。

图 6-1 甘肃省临夏州和政县松鸣镇生态景观图

6.1.2 特色小镇生态环境建设误区

(1)导向性不明确

生态环境建设成为城镇化发展的重要因素,但是目前建设生态特色小镇的动机尚不明晰,往往容易流于形象建设。盲目跟风已经建成的生态城或生态小镇案例,忽略了小镇本身具有的生态环境特色;盲目学习"新城运动",忽视了小镇生态环境现状的保护与提升。

(2)目标缺失

特色小镇生态发展往往忽视自身客观的条件需求,生态小镇建设尚未建立权威性、导向性的指标体系。特色小镇生态环境的建设,往往看不清发展的方向,无可复制的样本,不确定是否具备同样的发展条件,都成为小镇生态环境建设的误区。

(3)理论缺失

对于生态城市的发展,我国尚处于探索发展阶段,很多定义、概念并不明确,同时规划地位、编制方法和体系尚未成熟。特色小镇在生态环境建设方面,更是缺乏相应的理论与管理体系,建设过程中无章可循,成为特色小镇生态环境建设的障碍。

(4)唯技术论

生态城市建设过程中,部分追求技术的新、奇、特,忽视因地制宜的生态策略。在借鉴国外优秀案例时,部分生态城市发展甚至打着"生态"的旗号照抄照搬,成为不适宜的"反生态"案例。特色小镇生态环境建设过程中，首先借鉴生态城市的相关案例，希望将其技术移植到小镇中，如果仅仅完成从城市到小镇的技术搬迁，而忽略技术的适应性，往往适得其反。

借鉴国内、国外生态环境建设较为成熟的案例，走出生态环境建设的误区，结合自身生态环境特色，才能打造适宜的特色小镇生态环境发展空间。

6.1.3　特色小镇生态环境建设理念

（1）微循环理念与技术

近年来，生态小镇的建设倡导微循环理论，强调物质在微观层面的循环利用，提出以微降解（重建失去的环节——"生产者"）、微能源（建筑形式从单纯耗能到产能）、微能耗（绿色建筑与被动式建筑）、微冲击（城市与生态之共存之道）、微更新（倡导"有机更新"，减少大拆大建）、微交通（稀缺的城市空间资源应按空间利用效率与生态化程度重新布置）、微创业（"无线城市"与"高速信息网"使创业空间虚拟化）、微绿地（从美化景观到节能减排）、微医疗（市民自组织的保健体系）、微农场（都市农业的多重功能）、微调控（建立在社区自治结构上的城市"良治"）的理念解决生态环境问题（图6-2）。

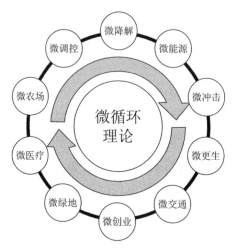

图6-2　微循环示意图

（2）低冲击开发理念与技术

通过水文设计，减少径流排水量，使小镇建设区域的水文功能尽量与建设之前接近。利用设计技术，控制暴雨径流，开启源头管理模式。采用绿色屋顶、透水铺装地面、人工湿地、自然驳岸等措施，减少硬质铺装，降低综合地表径流指数。通过生态安全格局分析，实施不同水域的保护与利用。开发建设时尽量保持原有的水文状态，倡导低冲击的绿色基础设施理念。

（3）生态修复理念与技术

停止人为干扰，减小生态系统所承受的超负荷压力，提高生态系统的自调节能力，遏制生态环境的破坏。恢复退化的生态系统，尽可能达到原有的状况。重点保护生态敏感区域，保护自然资源，整治区域环境。通过提高生态效能以保持生态平衡。

（4）被动式设计理念与技术

采取被动式技术措施，提高建筑保温隔热性能与气密性，采用自然通风、自然采光、太阳能利用，直接蒸发冷却，蓄能生热夜间通风，室内非供暖热源得热等各种被动式技术手段，获得舒适的室内环境，并将供暖与制冷需求降到最低。采用合理的环境控制技术，使建筑本身具备较强的调节适应能力。

6.2 特色小镇生态环境对空间发展系统的作用机制

6.2.1 生态环境改变影响空间构成蜕化

空间发展受到文化观念、行为活动、经济发展、科技水平等多方面的影响，生态环境的变化常常引发小镇空间格局的改变。我国古代讲究"山水城镇"、"相法自然"，小镇建设往往依山傍水、互为依托。由于后期山水格局随历史演变而发生变化，小镇空间也随之改变。当前特色小镇空间发展过程中，若通过生态环境修复，打通河道水系等生态体系，小镇格局则会焕发新的活力。

2018年5月，笔者调研的山东台儿庄运河古镇，境内运河曾是清时期京杭大运河山东段的主要通道。运河上的重镇台儿庄是傍水而筑、因河而兴的"水旱码头"。沿河形成了与商业有关的古镇空间，城墙、商业街区、居住街区。受战争影响，古城镇化为废墟，运河功能衰退，城镇空间发展停滞。

2008年4月，政府重启台儿庄重建工作，随着铁路、公路等交通方式的改变，此时的运河已从水运交通优势为主逐渐隐退，运河古镇空间构成随之发生改变。保留古镇2平方公里的面积，修复部分大战遗址、古城墙、古码头、古街巷、古商埠等历史遗产。保留部分运河沿线空间建设运河展馆、博物馆、湿地公园等公共活动空间，新的城镇空间不再沿运河沿线发展，城镇主要在运河北侧新辟区域发展。

古代城镇中往往以水运为主，江海河湖成为主要的运输渠道，城镇往往沿岸线聚集，并在河流的交汇处形成大的转运中心城镇。以大运河沿岸发展来看，随着运河环境的兴衰，沿岸小镇的空间构成也随之发生改变。因运河、平原、湿地等生态环境良好的地域而集聚形成的小镇空间，在生态环境发生改变时，小镇空间也随之改变或者消逝。

6.2.2 生态环境优化影响空间价值提升

通常来说,依据生态环境的基底,充分利用生态环境的优越性及开敞空间,塑造生态休闲公园,构筑小镇绿核。同时,充分发挥生态资源优势,在其周边布置图书馆、文化馆、市民文化中心等公共配套,可以将生态环境的公共属性发挥到最大,以满足大多数人的需求,保证公共资源的平等性。

根据土地级差理论,环境优越及公共配套齐全的土地租金价值较高,因此通过优化生态环境,提升环境品质的手段,可以有效提升邻近土地价值。对于河道穿过镇区的空间格局,可以优化河道景观,组织形成若干节点。充分发挥生态核、生态廊道的作用,就近设置公用设施以及公共活动空间,对于优化小镇空间布局,塑造疏密有致、环境宜人的小镇空间尤为重要。

宝坻区位于天津市中北部,地处京、津、唐三角地带,临近渤海湾。高铁、高速公路便捷到达京、津、唐地区,距离北京车行距离1.5小时,天津1小时,唐山1.2小时。宝坻自古是商业要地,早在4000多年前就被开发利用,古迹遍布,而今,工业用地供应充足,具备一定的节能、环保、电子、机械等产业基础。

口东镇项目位于宝坻区潮白河沿岸,在宝坻区工业优势背景下进行特色小镇建设。潮白河景观资源附加值高,有支流流入用地内,水质条件良好。镇区植被茂密,土壤种植及建设条件良好,无不良地形地貌,高速两侧有大量密植树林,防护作用极佳。口东镇现有生态资源、地形地貌、潮白河景观资源,宜居宜产。充分利用现有的生态资源,以海绵城市、智慧城市、生态城市的理念为先导,综合功能、交通、绿地、设施等各层级系统叠加形成总体规划。修复河道景观,加大绿化面积,集中打造沿河区域,周边空间价值随之提升。将居民安置在环境良好的沿河区域,配套优良的基础设施,在生态环境良好的区域配建学校、展览馆、联合创新中心、综合酒店。生态环境的改观,成为小镇空间发展的重要节点,推动了小镇价值的提升。

6.2.3 生态环境延续影响空间网络共融

随着经济的发展,小镇追求经济利益的同时,环境受到污染破坏,部分生态良好的区域受到城镇化快速进程的侵蚀,变为污染严重的空间。居住空间堆积垃圾杂物,地面不整洁,私搭乱建现象严重。河渠沟塘堵塞,河坡、堤岸等设施缺乏,道路拥堵、占道经营、车辆乱停放,给水、排水等基础设施差,这类现象影响了小镇空间的良性发展。

生态环境设计是空间发展的重要方面,良好的生态环境促进空间发展的提升。杭州梦想小镇以农田、村庄为基础,全新打造生态环境基底。农业时代,村是自然散落在田中的空间部落。工业时代,城镇成为被田地包围的一种高密度集聚形态。信息时代,城田共融的空间形态,可以产生更多的生态、经济、环境价值。秉承"城田共融"的理念,修复河道,建构"绿道",营造舒适、安静的环境,创造宜人的办公空间,提高小镇工作效率。场地内交错的水网、繁茂的农田成为良好的生态基础,成为梦想小镇空间的区域生态网络。

生态环境是特色小镇的底色,也是特色小镇生存发展的基础,应该充分保护并延续发展。生态环境对特色小镇空间发展影响意义巨大,并决定空间发展的格局、价值、网络化等,两者作用机制见图6-3。

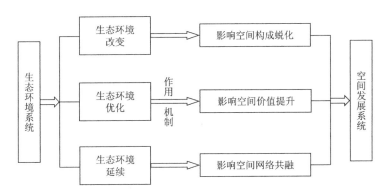

图6-3　特色小镇生态环境对空间发展系统的作用机制图

6.3　特色小镇空间发展对生态环境系统的作用机制

6.3.1　扩张空间发展配合生态环境连通发展

自然生成的绿地、山林、河道有着极其原始的网络化特性,这些网络节点相互连通构成了整个城镇空间的生态基底。同时,这种原始的生态网络系统在城镇的发展过程中不断演化、耦合,对空间发展产生影响,与城市空间扩展、布局变化相互关联、相互作用。

特色小镇的生态环境包含了各种类型山体、河流、湿地、森林等资源,也包含了公园、街头绿地以及文化遗产周边保护性绿地等人工景观。生态环境是一个有机构成的复杂系统,保持连通有利于生态多样性的流通,是维系生态平衡的网络框架,也是整个小镇空间发展的生态基础。连通的生态环境有利于保护生物多样性、配合生态格局、提升景观品质、发展游憩活动、拉动绿色消费等。通过生态环境连通串接起小镇中破碎的绿地斑块,成为连续的生态整体,并保持发展中的连续性[199]。

特色小镇的发展,往往通过人工规划的手段,重视小镇的功能分区、交通布局、公共配套,而将生态绿地、公园绿化作为附属用地配置,认为只要满足规范规定的绿化指标即可。

对于既有的山河林地等自然生态环境肌理重视程度不足,甚至出现为了扩张空间发展侵占河道、林地等破坏生态的行为。这种主观性、条块化的规划缺乏对于小镇整个生态系统的分析与尊重,往往破坏了整个生态系统的有机构成。

特色小镇的扩张空间发展首先应该尊重既有的生态体系布局,配合生态系统的连通性,并以此为基底进行空间发展。例如,2018年笔者调研的若干江南小镇在扩张空间发展过程中,填埋部分河道,新建部分的基础设施阻碍了河道的连通,引起河水的变质,在一定程度上对生态环境的延续连通造成不良影响(图6-4)。改造过程中应依据原有的河道规划空间布局,同时设法疏通填埋的河道,保持水系的连通性。

（a）　　　　　　　　　　　　　　　　　　（b）

图6-4　变质阻塞的河道、疏通已填埋的河道图

6.3.2　临界空间发展促进生态环境渗透发展

生态环境的相互渗透功能极大地促进、引导并带动了绿地与城市基底的交融互动,共同建构极具生命力的网络化生态系统。生态环境的相互渗透在生态系统与城乡之间起到衔接、纽带与过渡作用。一方面,保护生态环境的稳定性及原生性,保障生态环境的核心绿地不受到侵袭;另一方面,与小镇空间互为作用,形成最富有活力,承载人类户外休闲及娱乐游憩的公共开放空间。生态环境的相互渗透对引导空间结构转变,提升空间环境品质等作用重大。

特色小镇临界空间的发展,应该在保护生态基底的前提下,促进临界空间与生态环境的相互渗透,形成融合共生的格局。特色小镇中滨水的空间往往与河道环境相互渗透,加大了生态界面的交融,并唤醒营造空间的活力,从而带来远超出小镇一般用地的附加价值。笔者调研的震泽镇沿河区域滨水空间,因与水体相互交融而独具魅力,营造发展为茶社、咖啡、特色小吃等场所。优美的生态环境渗透到建筑空间中,形成极具活力的空间发展体系(图6-5)。

图 6-5　震泽镇沿河空间图

6.3.3　演化空间发展增效生态环境均衡发展

　　生态环境的均匀布局对小镇的整体生态均衡发展意义重大,有利于提供更多的生态良好、活力充沛的发展空间。特色小镇发展过程往往动态前行,随着时间、空间等的改变,不断发生演化。特色小镇空间演化发展过程中应该保证生态环境的均匀布局,以利于整个生态环境对小镇空间作出相对均衡的生态贡献[200]。特色小镇大多处于山水环境良好区域,其固有的生态环境是空间发展的依据和基础。但是,随着特色小镇空间的演化发展,生态环境的发展往往出现不均衡的现象。尤其部分新建区域应该注重布置合理的绿地等生态空间,以保证小镇生态环境的均衡性发展。如上节介绍的震泽镇,古镇水系完整,生态环境良好。随着小镇的发展,在古镇外的区域新建部分现代建筑,演化的发展并未因一桥之隔而阻碍生态环境的延续。新建部分区域河流畅通,绿树满植,使得在历史与现代动态空间演变过程,生态环境得以均衡发展(图6-6)。

图 6-6　震泽镇新建空间图

作为特色小镇的关键子系统,空间发展与生态环境密不可分,并积极作用于生态环境的保护与提升。积极有活力的空间发展可以提升环境的生态品质,为生态环境的良性发展保驾护航,空间发展对生态环境系统的作用机制见图6-7。

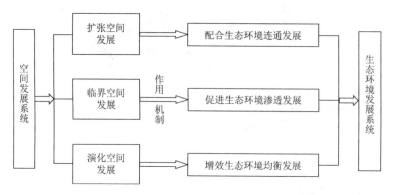

图 6-7　特色小镇空间发展对生态环境系统的作用机制图

6.4　特色小镇生态环境与空间发展系统的协同机制

CAS理论认为,城镇空间发展受到内外部环境的影响,或呈现同心圆式、带状式、指状式等发展形式。作为特色小镇发展的重要因素,生态环境对小镇空间发展影响较大。由上述对小镇生态环境、空间发展子系统间的复杂作用机制分析,可见两者之间存在密切的关联性,并相互影响,在内外部空间环境竞争中寻求协同。特色小镇的生态环境与空间发展的协同主要表现为带状式、毗邻式、穿越式的发展[201]。

6.4.1　带状式发展协同

我国自然条件、经济社会发展水平、生态环境状况不同,自然条件和交通地理位置在小镇发展变化过程中起着非常重要的作用。小镇空间受生态环境因素限制,有沿着河流、山地、沟壑、交通干线等条件发展的趋势,通常呈现带状式发展的模式。河流众多的区域,为城镇依托江河生长发育创造了条件,形成了沿江、沿河的发展空间,小镇的发展依托河流的趋势更为明显。随着公路、铁路等陆路交通的发展,小镇沿交通干线分布的特征更为突出。

2016年,笔者参与了茅台镇项目,对现场进行相关的调研。镇区距离怀仁市中枢主城区13km,交通便捷,被定为首批全国小城镇重点建设镇,入选第一批全国特色小镇。茅台镇位于贵州高原西北部,赤水河畔,大娄山山脉一处低洼地带,地形地貌独特。沿河地带人类活动频繁,逐步开发,是沿赤水河岸发展起来的,并具有悠久历史、深远记忆、深厚文化、美丽传说、丰富资源的小镇。茅台镇由于受到地理环境的限制,主要沿赤水河谷一线发展,小镇呈现带状式发展的空间布局(图6-8)。

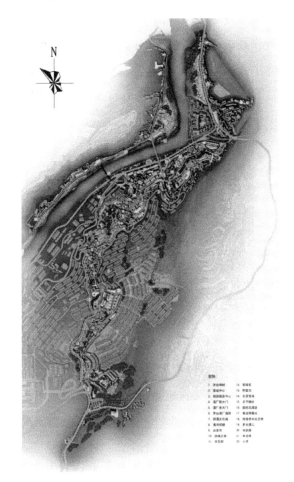

图6-8 茅台镇带状发展示意图

资料来源:茅台镇政府规划资料。

通过对茅台镇历史的追溯,文化的挖掘以及生态环境现状的分析,可以看出茅台镇具有丰富的资源,深厚的文化底蕴,在此基础上进行的特色小镇空间发展采取"扩界、提升、整合、完善"四大策略,打造旅游名镇。规划形成了"一轴一带、两岸六片、九点十八景"的结构布局。利用赤水河流域内自然资源和丰富的旅游资源,加强生态环境保护与治理,构建良好的生态空间格局。

6.4.2 毗邻式发展协同

多数沿河、沿江、沿海区域的小镇紧邻江、河、湖、海区域发展,沿海岸线或者顺应山势形成小镇发展脉络。借助良好的生态环境,成为小镇特色发展的重要资源。崮山特色小镇位于威海市经济开发区,东邻泊于镇,西接皇冠街道办事处,南连崮山镇,北临黄海,距威海市中心14km，镇域总面积49km²。崮山镇总体地形趋势由中部山体向四周降低，有五渚河、皂埠河、海埠河三条水系，发源于中部山体，流入威海湾。镇域内海岸线长约18.5km，大部分为礁石及临港产业岸线，其中东部有2.5km长的金色沙滩，岸线优美，砂质细软，是难得的天然海水浴场。毗邻海岸线的优势除了发展临港产业外，海味饮食、海上运动、水产养殖等均具有得天独厚的条件（图6-9）。

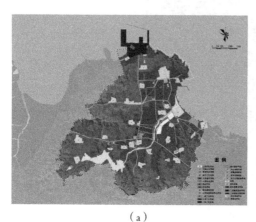
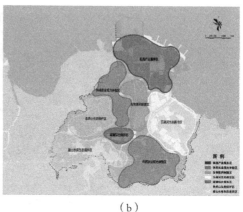

（a）   （b）

图6-9　崮山镇空间结构图

资料来源：威海市规划局规划资料。

崮山镇三面环山，一面临海，特殊的地理环境，使得镇域内可建设用地数量较少，镇域空间发展不均衡。东北临海地区临港产业较为发达，大部分为船舶制造业，镇区内部少量工业，其他大部分为村庄建设用地，地区发展不平衡。环渤海经济区、山东半岛蓝色经济区和胶东半岛高端产业集聚区的发展热潮，带来区域空间结构和经济结构的不断转型。作为威海市区的东部重要城镇，崮山镇在空间布局、产业布局和发展战略以及特色旅游等方面，具有近水楼台的优势。

崮山镇有着丰富的景观要素资源，山林、海湾、沙滩、防护林、河流和湿地等资源独具特色。崮山镇生态本底优越，是威海千公里海岸线上为数不多的尚未大规模开发地块，重点打造临港产业的发展。生态本底资源良好，自然山水的生态格局明显。按照"绿色开发、区域一体、生态先导、山水融城"的理念，努力打造美丽崮山、生态崮山、多彩崮山。生态建设成为引领全镇产业转型升级、创造竞争优势和提升居民幸福指数的先导工程，规划期内崮山镇将推进生态建设和转变发展方式有机结合，将推进生态建设和彰显城镇特色有机结合，将推进生态建设和大力弘扬生态文化有机结合，形成毗邻沿海区域发展的布局结构。

6.4.3　穿越式发展协同

穿越式发展模式通常是河流、山地、沟壑等经过城镇的区域所采用的一种发展模式。

小镇往往在河流、山地、沟壑等的周边蔓延发展，过境的河流成为小镇充足的水流来源，或靠此为生，繁衍生息。

浙江省分水镇地处桐庐、富阳、临安、淳安四县交汇地，位于杭州—千岛湖—黄山的黄金旅游线上，始建于唐武德四年，有1300多年的建制史，人文历史资源丰富。分水江穿镇而过，小镇具有丰富的水资源，山水相间、植被丰富，是典型的"八山半水分半田"地形，全年阳光充足、生态环境优越。分水镇文化底蕴深厚，"南朝四百八十寺，多少楼台烟雨中"，分水玉瑞寺名列其中[202]。

特色小镇空间重点保护山体、水体的发展，将空间划分为禁建区、限建区、适建区和已建区四大类，保护自然水体及控制范围。分水江两侧、库区水资源保护区以外一定半径内设置30～60m不等的生态廊道控制范围。利用山环水绕、田园相间的自然地域特点，构筑与自然环境紧密结合、适宜生活居住的山地园林生态小镇。小镇规划形成"一主两片多点，沿道路放射"的村镇空间结构（图6-10）。空间规划形成"一主三区，一带一核，双楔三片"的格局，即"一个城市功能主体、三个产业功能区"规划小镇的发展。特色小镇空间在最大限度保护生态环境的条件下，同时保持生态可持续发展。

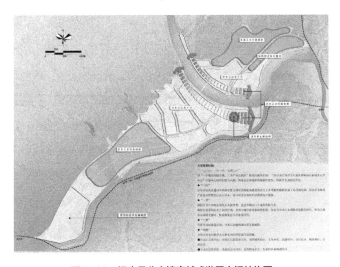

图 6-10　桐庐县分水镇穿越式发展空间结构图

资料来源：杭州市规划设计研究院。

6.4.4　环抱式发展协同

生态环境良好给小镇提供优良条件的同时，也会成为小镇空间发展的局限，部分自然生态保护区域，生态涵养区都成为小镇重点保护的区域，避开此区域小镇空间在其周围发展，形成环抱式空间发展格局（图6-11）。贵州省六盘水市六枝特区的郎岱镇，位于贵州省西部，六盘水市东南部，六枝特区南部，地处北盘江上游。郎岱镇距六枝特区政府所在地

37km，距六盘水市92km，距贵阳市140km，距黄果树大瀑布30km，距牂牁江旅游风景名胜区20km，是贵州省西线旅游的黄金节点重镇，是六枝特区南部乡镇的商贸服务文化中心。郎岱古镇有250多年的历史，地理位置十分重要，为滇黔古道必经之地，又有打铁关、北盘江之险，故有兵家必争之说。

图6-11　郎岱镇环抱式发展示意图

资料来源：贵州省城乡规划设计研究院。

绵延的山峦，阡陌交通，古老与现代在这里交融，静静依偎在群山的怀抱之中。郎岱是一座历史悠久的古镇，镇内山峦起伏，老郎山、西山、东山、牛腊坡、高坡山、岱山山脉众多，三条小溪环绕古镇而过，古镇在山水环抱中绵延不断。郎岱镇空间依托"群山环抱、水系环绕"的自然格局而发展，镇内传统民居建筑风貌依山而建，形成源远流长的牂牁文明、夜郎文化。为保护生态环境良性发展，空间规划划定核心区、建设控制区、环境协调区保护范围，有效促进生态环境与空间发展的融合（图6-12）。

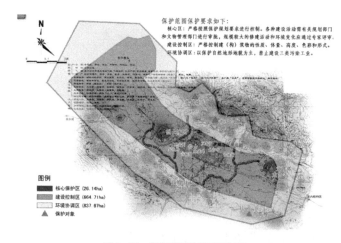

图6-12　郎岱镇保护范围规划图

资料来源：贵州省城乡规划设计研究院。

综上，特色小镇具有不同的地质风貌，空间格局因山水、河流、沟壑等呈现不同的发展模式，不同的山势、河流走向，形成了单一性到多样性的空间发展，较为复杂的地形，往往造就多种模式共融的空间发展格局。生态环境与空间发展的协同机制如图6-13所示。

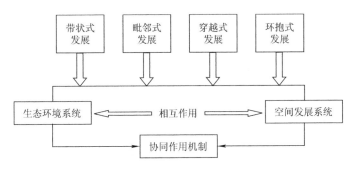

图 6-13　特色小镇生态环境与空间发展系统的协同机制图

6.5　特色小镇生态非线性空间发展系统及案例分析

6.5.1　生态非线性空间发展系统架构

特色小镇生态资源丰富，生态城市的发展为其提供了良好的借鉴。生态环境改变、优化都会影响特色小镇空间，而空间的扩张、演化会影响生态环境的关联性或者网络化发展。两者在相互作用过程中非线性发展以求达到相对平衡的状态。小镇在产生之初，往往选择临山近水、生态环境相对良好的区域，生态环境是小镇的底色，在其上面构筑生产、生活空间。

生态环境的发展受到各种要素的影响，表现出非线性发展的规律。复杂适应系统内部各种正负反馈形成环路。仇保兴教授运用"生命矩阵"形象地解释了生态非线性发展过程，这种非线性更加突出地展现在生态环境空间发展过程中（图6-14）。人们在生产、生活的过程中不断从生态环境中索取所需资源，同时不断地将生产、生活中的产物释放到生态环境中去。生态环境的自我净化能力决定了生产、生活的规模效应，在空间发展过程中，一旦生产、生活对于生态环境的索取以及释放的产物超出生态环境承载能力时，便会使生态环境质量下降甚至生态系统失衡，从而阻碍生产、生活的进行[203]。两者在自组织与他组织同向作用机制下协同发展，使系统保持相对平衡。

生态环境是特色小镇空间发展的重要影响因素，是特色小镇选址的参照点。生态环境要素包含山、水、林、田、湖、植被等多种元素，为小镇建设活动提供空间保障。特色小镇产生、发展的过程是一个复杂、持续的过程，活动离不开生态环境的条件，利用现有生态环境资源优势，注重保持生态环境的可持续发展。特色小镇生态环境的非线性特征决定了空间发展不可能一成不变,空间发展结合生态环境的特色,呈现出带状式、毗邻式、穿越式、环抱式等多种协同发展,借助自身的生态环境条件生成与生态融合的发展空间(图6-15)。

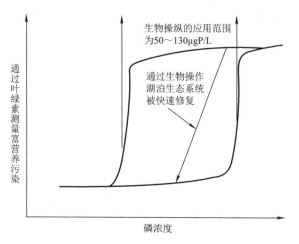

图6-14 非线性"生命矩阵"图

资料来源:仇保兴教授讲座资料。

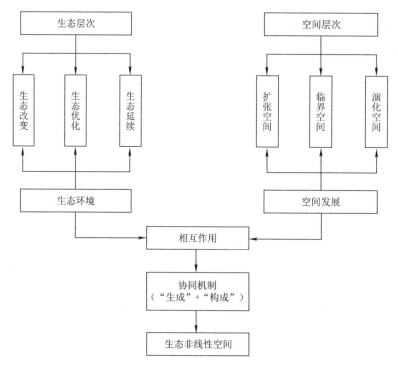

图6-15 特色小镇生态非线性空间发展系统体系图

6.5.2 生态非线性空间发展案例分析

2017年6月~2018年3月,通过现场观察法、相关部门座谈法、当地居民访谈法等,对北京长子营镇京南湿地小镇进行实地调研。基于以上章节构建的系统体系,分析小镇影响要素,研究生态环境与空间发展的作用机制、协同机制作用下生成生态非线性空间,通过实际项目进行系统研究。

京南湿地小镇位于北京市东南方向的长子营镇,大兴区东部,北邻通州区,南接河北省廊坊市,东南临采育镇,西北接青云店镇,西南临安定镇,是京津产业走廊和南六环沿线发展带的重要节点(图6-16)。京南湿地小镇生态资源丰富,处于京津冀经济发展圈,具有良好的空间发展优势。首先选取空间系统影响要素,包括区域要素、湿地要素、交通要素、产业要素等对其进行分析。

1. 京南湿地小镇生态非线性空间影响要素分析

(1)影响要素一:区域要素的影响

从区域要素来看,京南湿地小镇受京津冀五大板块辐射影响,承担不同的任务和职责,需以更高平台、更广空间对接区域发展(图6-17)。辐射板块一:第二机场临空经济辐射圈的发展,北京着力打造新航城,给周边经济及产业发展带来重大机遇。辐射板块二:通州副中心技术、文化创新辐射的发展,行政副中心和通州新城的建立,将形成北京发展的新重心,与亦庄连成“大通州”发展带,将形成集行政、商务、科技、文化、城市配套于一体的完整发展体系。京南湿地小镇位于“大通州”的相关地带,有机会得到强力资源辐射。辐射板块三:亦庄职住平衡的高新科技发展,北京东部发展带的重要节点和重点发展的新城之一,给京南湿地小镇发展带来契机。辐射板块四:大兴南部重要国际交往门户区,大兴区将建设成为面向京津冀的协同发展示范区,京南湿地小镇北部为总规划确定的“发展备用地”。辐射板块五:为廊坊城镇发展支撑辐射。京南湿地小镇处于五大功能板块的交界处,功能、生态等都要对接区域要素的发展。

图 6-16　京南湿地小镇区位图

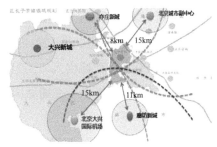

图 6-17　五大板块辐射影响图

(2)影响要素二:湿地要素的影响

从湿地要素来看,京南湿地小镇位于北京东南方向,处于京津冀区域核心三角地带,与京津冀重要板块衔接紧密。京南湿地小镇处于南部横向湿地带中心节点位置,北京市副中心、新机场,以及京津保生态过渡带的重要区域,是东南湿地带的重要组成部分。

京南湿地小镇位于区域内重要生态廊道上,是构建区域大尺度森林湿地群及东南郊湿地带的关键节点,生态涵养责任重大。北京市提出"一核、三横、四纵"的湿地总体布局,"一核"指城市核心区湿地群;"三横"指北部野鸭湖—妫河—白河—密云水库湿地带,中部翠湖—沙河—温榆河湿地带,南部长沟—凉水河—东南郊湿地带;"四纵"指大清河湿地带、永定河湿地带、北运河湿地带和潮白河湿地带(图6-18)。借此契机,京南湿地小镇成为长子营生态重点发展区域。

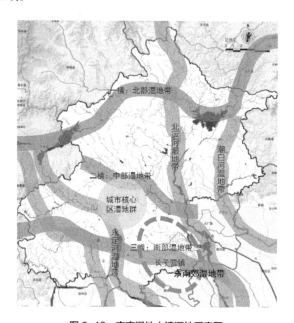

图6-18 京南湿地小镇湿地要素图

资料来源:根据长子营镇政府提供资料绘制。

（3）影响要素三:交通要素的影响

从交通要素来看,京南湿地小镇建设水平落后,镇域内有高速,国道、省道穿过,马朱路为单一对外交通联络廊道,对外交通不便。与周边的马驹桥镇和采育镇相比,交通上存在明显的劣势,没有高速互通出入口,镇区靠省道马朱路发展。京沪高速分隔长子营为东、西两片,联系通道少而窄。由于交通原因,开发程度较低,有较好的农田和生态环境。交通要素分布如图6-19所示。

（4）影响要素四:产业要素的影响

从产业要素来看,产业发展以一产为主导,二产基础尚未夯实,三产刚刚起步。现状企业以机械制造、化工、建材为主,体量不大,技术不强,品质不高,亟待整合提升,三产现状缺乏关联融合,与京津冀一体化融入力度不够,产业体系、城镇风貌、环境景观、基础设施融合度不够。空间布局零散,表现在工业组团纵向沿省道布局,外围地区以农业种植为主,横向从工业向农业过渡。产业要素分布如图6-20所示。

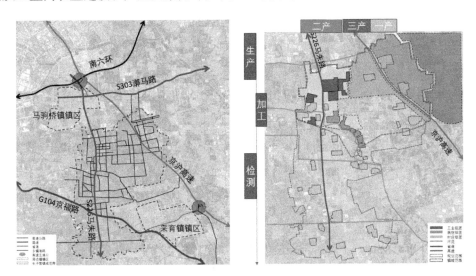

图 6-19　京南湿地小镇交通要素图　　　图 6-20　京南湿地小镇产业要素图

资料来源：根据长子营镇政府提供资料绘制。

根据长子营镇政府提供的相关资料以及现场调研情况，分析京南湿地小镇的影响要素，区域、生态、交通、产业等对其空间发展具有主要影响，同时具有一定的影响意义（图6-21）。

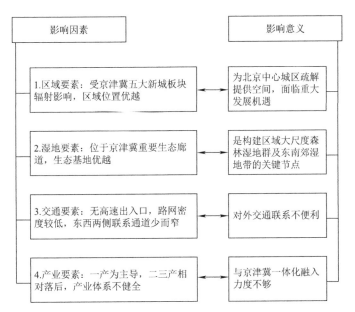

图 6-21　京南湿地小镇生态环境影响要素分析图

2. 京南湿地小镇生态环境与空间发展的作用机制分析

（1）京南湿地小镇生态环境作用机制分析

生态环境系统的改变、优化、延续等会影响空间发展系统的蜕化、提升、共融等，首先分析京南湿地小镇生态环境的作用机制。北京大小河流百余条,均属于海河流域,京南湿地小镇位于北京水系汇聚下游,凤河水系重要腹地。小镇现多为农田与湿地,湖塘与水渠,在上一轮增量规划时代留下了宝贵的生态资源。小镇湿地紧邻通州东南湿地公园,拥有平原水网的独特肌理,区域以大湿地、田野湿地为主,水网阡陌。

京南湿地小镇位于北京市东南湿地水网密集地区,与京内其他地区相比,水系肌理特征明显,以流域自然河流为主干,以网络状田野水网为支流。查阅长子营镇水文资料,2014 ~ 2016年北运河水系出水量占全市的90%以上,是北京的重要水源地(图6-22)。运用空间分析方法中的数字地形分析京南湿地小镇坡度、坡向,从高程分析来看,镇域范围较为平坦,海拔高程均在54m以下。镇域东部以及东南地势低洼,西部地势较高,镇域范围地势坡度平缓,主要在10°以下,局部地区坡度达到20° ~ 37°,微地形下呈现多元的汇水状态。镇域范围内各种坡向相对均衡,呈现斜向汇水网络(图6-23)。识别京南湿地小镇生态水网,细化场地特征,挖掘潜在水网廊道,呈现区域湿地水网结构[204]。依托河流和农田水网形成的绿色空间结构,包括大兴古桑森林公园、牛坊湿地生态区为生态绿化节点,以凤港减河、凤河、旱河、京津塘高速路、东部发展带联络线等绿带走廊为骨架。依托水网为脉络,附加公园、河流、道路和农田林网形成复合网络。依据丰富的湿地环境,总体层面构建复合区域大湿地,形成"湿地片区、生态田园、绿萝花廊道、水系网络,复合大湿地系统格局"。

2014年各水系出、入境水量	2015年各水系出、入境水量	2016年各水系出、入境水量
2014年全市出水量为11.88亿m³,其中北运河水系10.83亿m³,约占全市91%	2015年全市出水量为14.32亿m³,其中北运河水系13.41亿m³,约占全市94%	2016年全市出水量为17.63亿m³,其中北运河水系14.52亿m³,约占全市82.4%

图6-22 2014 ~ 2016 年各水系出、入境水量分析图

资料来源:根据长子营镇政府提供水文资料绘制。

将京南湿地小镇生态环境系统拆分为湿地、公园子系统,水系网络子系统,农田、林木子系统。利用关键要素的影响可以构筑大面积空间格局,连通水系网络空间体系,提升空间生态价值。

1)提升大面积湿地生态,恢复区域大湿地水系,构筑大面积水系空间格局。

以牛坊大面积湿地水系为基础,建设完善的湿地水系网络,利用基地田埂水系连接周边湿地形成大生态格局,结合功能组团连接水系廊道,构建完善的生态水系网络。同时,结合南部的古桑森林公园,构建区域大生态环境。恢复田园湿地创建区域大湿地公园,通过增加场地内部的雨水管理设施、防护林地、景观林地、灌丛和草地,以完善湿地植被,增加碳汇功能。保护和恢复现有湿地,以提供动植物栖息地,利用水系形成区域开放空间网络,提升整个片区的生态空间价值。

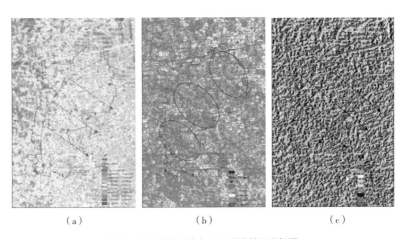

（a）　　　　　　　　（b）　　　　　　　　（c）

图 6-23　坡度、坡向 GIS 数字地形分析图

资料来源:根据长子营镇政府提供资料绘制。

2）恢复河道水网,建立河道网络,连通水系网络空间体系。

依托凤河、凤港减河等既有河道水系,恢复填埋的河道,疏通既有河道支流。构建区域河流网络体系,并与牛坊湿地水系互为连通,形成水网纵横的体系格局。沿河结合开放空间建立绿色交通网络,依托水系网络,突出绿色多元低碳的交通方式,建立区域生态绿道和慢行交通网络,方便组团联系和湿地休闲活动,形成水陆交融的空间格局。激发活力空间,创造更多滨水空间,连通水系,将自然水系空间从外部湿地引入场地内部组团,连接人工与自然环境,创造更多的滨水空间和活力场所。自然湿地进入组团,形成开放空间的复杂尺度,沿滨水空间布置公共功能,增强组团活力。连通水系既是连通自然生态系统,也是连接使用人群,创造多元社交环境,创造共享交往空间。

3）保护利用现有农田、林地等自然生态景观资源,提升空间生态价值。

长子营位于北京东南侧,留有大量农田、林地、水渠、池塘等生态资源。遵循生态原则,充分保护利用好这些生态资源,不做过多改变,以保持大环境的生态性。同时,注重这些生态自然资源与城镇开发空间的互为融合,形成田城融合、林城融合的空间格局。

通过对生态环境系统的分析,湿地、公园,水系网络,农田、林木等子系统有助于提升空间发展的价值,形成水陆交融的空间格局,构筑城田共融的空间体系（图 6-24）。

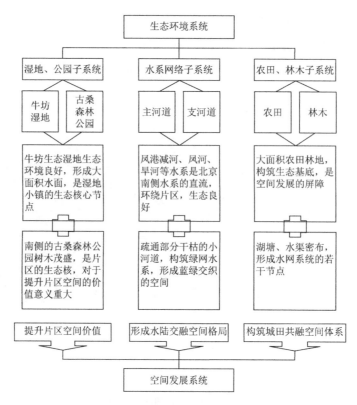

图6-24 京南湿地小镇生态环境对空间发展系统的作用机制图

（2）京南湿地小镇空间发展作用机制分析

通过上述空间发展作用机制分析来看,空间发展系统通过自身凸显的特色来适应生态环境的改变,促进良好的发展。京南湿地小镇空间发展过程中,通过凸显绿色生态本底,构建宜居、宜业的空间环境。原有村镇居民,沿凤河居住,以凤河水系支脉分为若干聚落,区分上下营,形成每个组团三面环水的优质生活空间。按照原有水网,连接湿地、凤港减河、凤河,延续场地文脉,打造宜居的生态示范区。以高端科创与智造为中心,形成居住、研发、试验、转化、平台服务一站式临空生态创新园区。以人的步行尺度划分聚落单元,各个单元内部进行适度的功能混合,在单元层面形成相对的职住平衡。打造工作、休闲、生活为一体的"大融合、小混合"创新产业空间模式。保留部分村庄,改造为生态宜游的田园生态空间。京南湿地小镇将生态环境与空间布局相结合,从总体层面构建"创新空间生态圈",打造现代农业与航食服务,文化创新与生态休闲,科技研发与高端制造,商务办公与金融服务,生态宜居与社区配套一体的空间发展格局（图6-25）。

对生态环境系统进行拆分,通过空间子系统的扩张、改造提升、保护及利用来连通、渗透、均衡生态环境系统的发展。主要从以下方面进行:

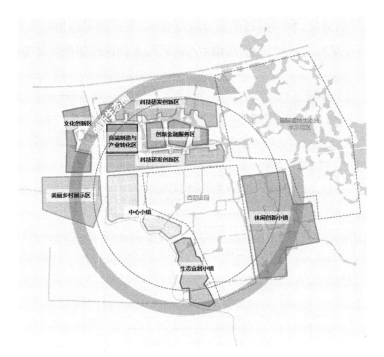

图 6-25　"创新空间生态圈"空间发展格局图

资料来源：根据长子营镇政府提供资料绘制。

1）北侧新建科技产业创新区呈岛状布局，便于水系连通。

将生态水系特色发挥到极致，凸显绿色生态本底，构建宜居宜业环境。依托京沪高速东侧3000亩的湿地水面，规划出514ha的湿地公园，利用京津保湿地群的节点位置，打造出以湿地为依托，科技创新为主业的生态空间。吸引和承接周边新技术企业、研发机构，建设生态宜居创新群落，打造临空产业创新区。

2）既有镇区复合空间提升改造，镇区空间与既有水系互为渗透。

向传统聚落学习，延续小镇居住文化文脉，原有村镇沿凤河分布，以凤河水系支脉分为若干聚落，分为上、下营，形成每个组团三面环水的优质生活空间。延续原有水网布局，自然理水，适度整治，打造镇区复合空间的生态发展模式。结合城镇的生产和生活集中配置各种服务设施，如商业、教育、医疗等，打造服务配套区。

3）田园村庄空间的保护利用，均衡生态环境。

以田园聚落建设人文创意小镇，打造生态农业示范区。结合区域生态建设、滨水田园景观、现状村庄改造，注入自然和人文元素，打造田园村庄空间示范区。依托京南湿地生态资源，为北京提供优质的生态屏障和休闲旅游基地。

空间发展系统包含诸多子系统，不同子系统对生态环境系统产生不同的影响。京南湿地小镇通过恢复既有河道，连通水系；衔接水系绿化，扩大生态面；治理水系，提升品质等推进空间发展系统的演化,同时促进生态环境的改观,促进两者的协同发展。优美的滨水区域成为生活、生产聚集的空间,空间发展对生态环境系统的作用机制如图6-26所示。

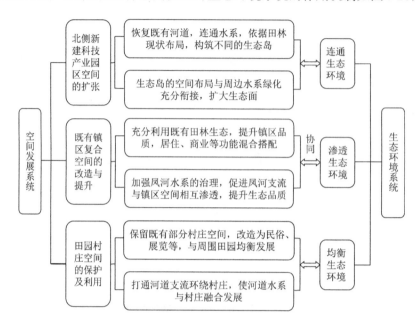

图6-26 京南湿地小镇空间发展对生态环境系统的作用机制图

3. 京南湿地小镇生态非线性空间生成

通过对京南湿地小镇生态环境与空间发展的作用机制分析可以看出,生态环境与空间发展子系统两者相互影响,共同演化形成相对稳定的空间发展系统。生态环境系统突出的非线性发展,使得空间发展系统呈现非线性的特征。京南湿地小镇在生态网络构建的基础上,构建主体所需的功能布局,从而生成生态非线性空间发展系统体系。

(1)生态网络的恢复与构建

对京南湿地小镇生态环境要素进行梳理,小镇多为农田、湿地、湖塘、水渠,具有宝贵的生态资源。搜集周边水文、地势以及水系肌理等相关资料,运用空间分析的缓冲区分析法,整理生态环境的斑块、廊道(图6-27)。对湿地小镇空间发展要注重生态环境的保护,采取低冲击开发的模式结合其生态自身特色打造斑块——廊道——网络相结合的复合空间发展模式。京南湿地小镇充分尊重原有场地村庄与河塘的关系,将原有河塘的低洼处扩大为开阔的生态水面,原有村庄位于高地高建处布置功能组团。水面取土就地平衡,营造微地形,形成三个主要湖面,北湖——中湖——南湖,水面依次扩大,每个湖面周边围绕三个主要功能岛。利用原有村庄高地,减少土方消耗,不占用良田,不占用水塘,保持原有大湿地系统结构。不用方格网,而是尊重生态环境自身特色,采用自由路网,自由组团,营造适合场地的田园生活环境。打造宜居的生态小镇,从河到淀,分割组团,恢复原有水网,连接湿地、凤港减河和凤河,形成水循环、水过滤网络,同时延续场地文脉,汇水聚人,隔水成团。

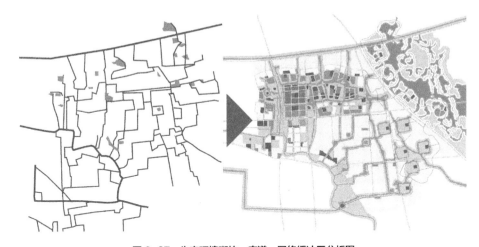

图 6-27 生态环境斑块—廊道—网络缓冲区分析图

资料来源:根据长子营镇政府提供资料绘制。

(2)功能空间的提升与构建

根据上述构建的生态网络基底,提升相应的功能空间布局。根据主体所需划分为临空生态创新子系统、国际文化交流子系统、城乡统筹生态示范子系统、小镇城镇化示范子系统、小镇行政配套办公服务子系统和国际湿地生态技术示范子系统。

京南湿地小镇在满足北京文化中心、科技创新中心、国际交往中心功能需求上,以环境提升生活水平,以生态带动创新发展,在湿地中融入实体功能,建立湿地科创中心和创作园区。在湿地景观营造的同时,利用生态技术净化水体质量,改善区域环境,以湿地公园的建设,践行生态修复的理念。

京南湿地小镇生活空间子系统,以高端科创与智造为中心,形成居住、研发、试验、转化、平台服务一站式临空生态创新园区。打造复合街区的空间形态,在步行尺度内安排就业、生活、休闲、服务配套设施。各个单元主导功能内部进行适度的功能混合,在单元层面达到相对的职住平衡。形成工作、休闲、生活为一体的大融合、小混合创新生态产业空间模式(图6-28)。

(3)生态非线性空间的生成

通过分析京南湿地小镇影响要素,进一步分析区域、湿地、交通、产业等影响小镇的空间发展。详细研究了生态环境对空间发展的作用机制,空间发展对生态环境的作用机制。非线性生态环境的基底构建生态网络,结合主体需求布置各功能子系统,两者融合生成非线性空间发展系统。

图6-28　京南湿地小镇生态非线性空间发展生成图

资料来源：根据长子营镇政府提供资料绘制。

京南湿地小镇生态非线性空间发展是在非线性生态肌理基础上自然生成的过程。首先，分析京南湿地小镇生态资源环境要素，恢复生态肌理；其次，梳理生态脉络，互通水系、开阔水面、修复生态环境、串联生态绿道；然后，结合产业、生活功能空间需求，从而生成生态非线性空间系统体系。

其中，镇区内既有产业园区空间与东、西侧水系互为渗透，构筑带状协同的生态非线性空间。既有镇区则尊重历史空间格局，与凤河相依而生，构筑毗邻式非线性生态空间。东南侧的村庄与田园水系融为一体，构筑穿越式生态非线性空间；北侧新建创新科技空间与水系、绿化互为依托，构筑环抱式生态非线性空间。生态环境系统与空间发展系统协同作用生成非线性空间系统如图6-29所示。

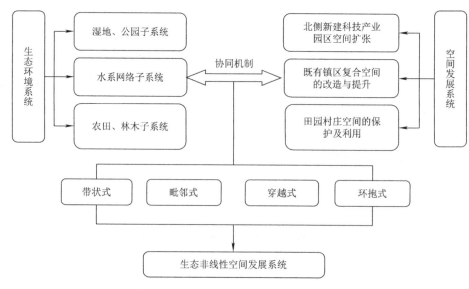

图6-29　京南湿地小镇非线性空间系统生成图

6.6　本章小结

我国小镇建设历来重视与生态环境的融合,众多小镇的空间格局均依山就势,与自然环境融为一体。同时,自然山水与小镇空间的契合对于改善小镇微气候,塑造环境优美的人居环境意义重大。

本章在我国第一、二批特色小镇相关案例及相关项目调研的基础上,对特色小镇生态环境要素进行分析,研究生态环境对空间发展的作用机制,空间发展对生态环境的作用机制,分析两者的协同机制,基于上述研究构建"生成"+"构成"融合的生态非线性空间发展系统体系。以实际项目京南湿地小镇为例,从生态环境空间发展要素入手,分析生态环境与空间发展的作用机制,基于协同机制作用下生成非线性空间系统体系。

依据复杂适应系统理论,特色小镇建设之初,应该充分研究山水格局的自然生态布局,将小镇的生态环境与空间发展互为融合,兼顾生态与空间的协同,最终构筑生态非线性空间发展系统,从而形成特色小镇生态可持续化的重要保障。

►▷ 第 7 章　CAS 理论视角丁蜀镇特色小镇空间发展实施策略

CAS系统理论对于特色小镇的空间发展起到较为明确的指导作用,也为特色小镇空间发展系统体系的生成确定了实施策略。鉴于上述系统体系的研究,本章以实际项目丁蜀镇特色小镇为例进行详细研究。

笔者多次对丁蜀镇及周边特色小镇进行实地调研,与当地居民、开发商、政府进行大量的交流,提取影响丁蜀镇空间发展的关键要素。依据CAS理论提出的系统分析法对特色小镇系统进行分类梳理,统筹与空间发展系统相互作用的产业、文化、生态三个子系统。基于本书构建的产业聚集性、文化多样性、生态非线性空间发展系统体系,探求空间发展与三个子系统的协同机制,从产业聚集性空间、文化多样性空间、生态非线性空间三个角度展开研究,实证研究了"生成论"融合"构成论"的空间发展实施策略。

7.1　丁蜀镇空间发展关键要素解析

丁蜀镇地理位置优越,位于上海、杭州、南京、苏州、无锡等城市群辐射圈内。丁蜀镇周围水网密布,水系纵横交错,水上交通便捷,通过水路可直达上海、张家港和江阴等港口。丁蜀镇与上海、杭州、南京等大都市形成 1～2h 交通圈,镇内有杭宁高速、沪宜高速两条高速公路。

丁蜀镇地处苏、浙、皖三省交界的长江三角洲经济区,资源丰富。丁蜀镇距宜兴城东南14km,由丁山、蜀山、汤渡三处合并而成。镇区有白宕河、蠡河、画溪河三条主要的河流交织成的水网体系,民居依河而建,形成自然有机的水乡肌理。丁蜀镇镇区地带为冲积平原,地势较低,南有均山、楚山,西有铜官山、象牙山、团山,北有龙背山。镇中有青龙山、黄龙山、丁山、蜀山、台山等低矮山脉,镇域面积约205km²,镇域基本情况见表7-1。

丁蜀镇基本情况分析 表7-1

镇名称	丁蜀镇	所属省、市		江苏省宜兴市
地形	□山区□平原☑丘陵	区位		☑大城市近郊□远郊区□农业地区
功能类型	A 商贸流通型 B √工业发展型 C 农业服务型 D √旅游发展型 E √历史文化型 F 民族聚居型			
镇域面积（km²）	205	下辖村庄数量（个）		28（行政村）
镇域常住人口（人）	240000	镇区常住人口（人）		196854
镇 GDP（亿元）	132	公共财政收入（亿元）		12

注:表格数据均指2017年数据。

依据前文研究的关键子系统,以下从产业发展、文化遗产、生态环境等方面分析丁蜀镇特色小镇空间发展的影响要素。

7.1.1　产业发展影响要素分析

丁蜀镇位于太湖之滨,是宜兴国家历史文化名城的重要组成部分,陶瓷产业特色明显。从产业发展影响要素来看,丁蜀镇因制陶而逐渐发展起来,从最早作为生活用具的陶器开始,制陶成为丁蜀镇不断发展的动力,并不断演化,形成了各式各样的陶瓷类型以及与陶相关的产业,从而成就了如今具有较高知名度的"陶都"。除了艺术陶瓷外,陶瓷产业转型升级,拓展开发陶瓷新领域,如工业特种陶瓷、电子电器陶瓷、特种耐火材料等高技术陶瓷等,目前高技术陶瓷已成为"陶都"的新亮点。不同类型的陶瓷成为影响产业发展的主要子系统,并对空间发展产生一定的影响。

从经济行业分类来看丁蜀镇产业发展子系统,第一产业位于镇区东部,太湖西岸,以现代农业为主。第二产业位于镇区北部,大力发展高端陶瓷产业以及机械、电子、环保、生物、新型材料等支柱产业和高科技产业。第三产业位于镇区西部,散布大量的陶瓷艺术工作室。据不完全统计,直接从事陶瓷艺术创作的有1万多户,带动相关行业人员10多万人,并涌现出众多蜚声海内外的陶瓷艺术大师[205]。该片区艺术陶瓷贸易繁荣,形成了国内最大的综合性陶瓷文化商贸旅游城。丁蜀镇产业形态特色鲜明,三大产业占比大约为

6：48：46，从产业结构变化趋势来看，二产比重逐步下降，三产比重稳步提升。

鉴于陶瓷产业的绝对比重，本书的产业发展研究针对工业陶瓷与艺术陶瓷两大子系统，探究产业发展与空间发展的协同关系。通过分析产业发展系统的相关影响要素，确定区域位置、企业发展状况、经济状况、从业人员等要素为产业发展研究的基础（图7-1）。

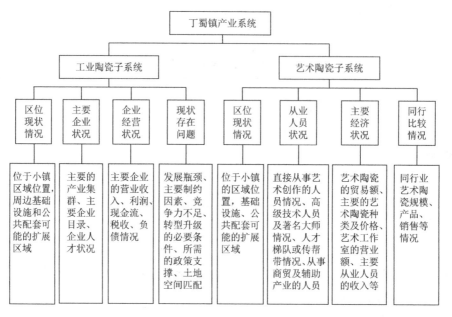

图7-1　产业发展要素分析图

7.1.2　文化遗产影响要素分析

丁蜀镇文化遗产丰富，文化特色鲜明，借鉴丁蜀镇政府、同济规划院的相关研究[1]，利用CAS理论的积木机制，将影响文化遗产的要素分为陶瓷、山水、民俗、宗祠、农耕、书院、宗教、其他文化八大文化子系统（图7-2）。

（1）陶瓷文化子系统。丁蜀镇拥有上千年的制陶史和制瓷史，陶文化源远流长，是宜兴陶矿和制陶的重要区域，目前保留众多矿址、窑址。蜀山老街、转运货场、码头、葛鲍氏民居群，大量现代陶瓷企业以及工艺大师，表明丁蜀镇仍是重要的陶瓷生产基地之一。陶瓷文化子系统影响要素主要包括陶土资源、各类窑址、陶瓷产品、陶瓷艺人等。

（2）山水文化子系统。丁蜀镇利用山、水、湖等山水文化影响要素，分为蜀山片区、汤渡片区、黄龙山片区、莲花荡片区，成为山水文化传承的主要发展区域。

（3）民俗文化子系统。丁蜀镇的民俗文化子系统主要包含了与生活相关的影响要素，民俗文化受到陶瓷文化的深远影响，生活习惯也随之改变，形成独具特色的风俗习惯。

1　参考同济城市规划设计研究院、丁蜀镇政府相关资料。

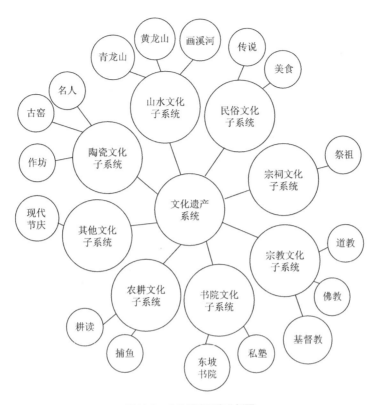

图7-2 文化遗产要素分析图

（4）宗祠文化子系统。丁蜀镇拥有数量众多的宗祠，祠堂是维系血缘关系的纽带，也是当地文化发展的重要影响要素。宗祠文化兴盛，不仅记录了家族的变迁，同时也保留了民俗的传统记忆，成为极具归属感的文化特征。

（5）农耕文化子系统。丁蜀镇位于农耕文明发达地区，长期以农业为主要产业，尤其是太湖周边，依靠太湖为生，形成了独特的风俗习惯。随着工业的发展对农业产生一定影响，后续现代农业的发展给农耕文化带来新的机遇。

（6）书院文化子系统。丁蜀镇崇文重教，早期教育机构包含书院和私塾，将国学与文化发扬光大。书院、私塾成为书院文化子系统的主要影响要素，私塾在发展过程中逐渐消失，东坡书院保留至今，成为重要见证。

（7）宗教文化子系统。宗教曾在我国兴盛，丁蜀镇主要分布有佛教、基督教和道教等影响要素，目前以佛教和基督教为主。

（8）其他文化子系统。在传统文化基础上结合现代生活而形成的文化特色，比如现代节庆、大师工作坊等现代文化影响要素。

文化遗产成为展现地域文化的重要影响因素，在空间发展过程中作为物质遗存保留至今，记录了当时文化的特色传承，成为发展的重要记忆。文化艺术价值越大的，历史价值越高;保存越完整的遗存空间,历史价值越高。丁蜀镇的文化遗产主要沿画溪河、蠡河两岸分布,并与青龙山、黄龙山等山体交叉,体现了文化遗产与小镇空间格局的呼应关系(图7-3)。

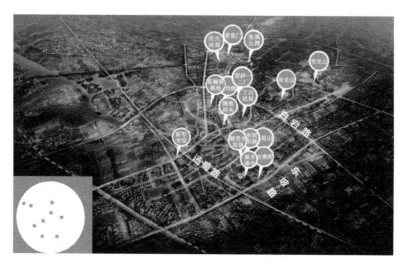

图7-3　文化遗产影响要素空间分布图

资料来源:根据丁蜀镇政府提供资料绘制。

7.1.3　生态环境影响要素分析

丁蜀镇境内拥有丰富的山体资源,通过CAS理论的积木机制拆分为龙背山、铜官山、南山、兰山、大朝山、白泥山、虎头山等子系统,尤其是镇区内的青龙山和黄龙山子系统,是重要的紫砂矿分布地。镇区内水系密布,主要河道系统有蠡河、丁山大河、蠡墅河、画溪河、白宕河和乌溪河等子系统,生态环境资源丰富(图7-4)。山体资源与水系资源系统作为重要的生态环境子系统对空间发展产生一定的影响。

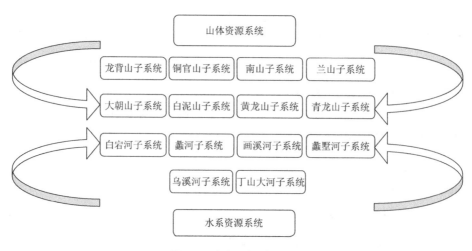

图7-4　生态环境要素分析图

丁蜀镇生态环境系统的发展,可以概括为"以山为本,以水为脉",小镇依山而建,居民临水而居。"画溪花浪"被列为"荆溪十景"之一。山体资源系统和水系资源系统既可以作为小镇景观的一部分,还有着重要的产业功能,陶矿的采掘、龙窑的修建均利用山体资源系统,陶瓷的运输则依赖水系资源系统。

丁蜀镇生态环境系统包含丰富的山水资源,群山环绕、水网密布,形成了"环山临湖、水网纵横"的格局特征。山体资源系统主要包括丁蜀镇南面、西面、北面的山体,分别为南山、铜官山、龙背山等子系统。由于丁蜀镇东面紧邻太湖,利用生态环境要素的影响,组成了丁蜀镇"环山临水"的区域山水空间格局。

就丁蜀镇镇区而言,生态环境系统斑块主要包括现状的河流和点状的山体子系统,形成犬牙交错的格局,对丁蜀镇的空间格局发展影响较大。整个丁蜀镇镇区四周生态节点为低矮山丘,东侧毗邻太湖生态圈,利用生态环境优势形成"一核一带一环"的空间发展结构(图7-5)。

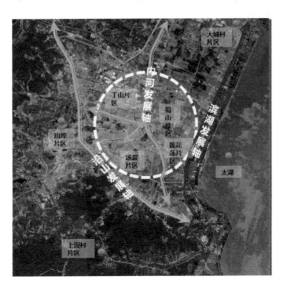

图 7-5　"一核一带一环"空间结构图

资料来源:根据丁蜀镇政府提供资料绘制。

7.2　基于产业聚集性空间发展系统实施策略

7.2.1　产业发展与空间发展系统的作用机制

产业发展与空间发展系统相互作用,从陶瓷产业系统来看,作为第二产业的工业陶瓷产业子系统,形成了以陶瓷产业园区为载体的产业集聚区。陶瓷产业园位于丁蜀镇区北侧,交通便捷,基础设施完善,集聚上百家陶瓷企业。与老镇区相比,空间结构相对独立、相对单一，建筑功能以企业所属的厂房为主，与老镇区空间肌理存在较大差别。作为第三产业的艺术陶瓷产业子系统，主要分布在镇区的东、西两侧。东侧蜀山艺术陶瓷产业子系统，以传统民居和商业网点为空间载体，形成点线结合的布局。建筑大多沿河而居，与小镇的河道水网形成紧密的关系。其空间结构相对复杂，呈点状分部，建筑形态多样，保留了传统空间肌理。西侧丁山艺术陶瓷产业子系统，以紫砂贸易展览为主，空间形态相对集中，形成了几个集中式的陶瓷展销市场。工业陶瓷产业子系统、蜀山艺术陶瓷产业子系统、丁山艺术陶瓷产业子系统，不同特色产业聚集形成新的空间载体。产业多元化的发展弥补空间发展肌理的连续性，最终形成多中心的空间组织聚集区（图7-6）。

图7-6 陶瓷产业子系统聚集分布图

从空间发展系统来看，公共配套空间、动态适应性空间、复合功能空间可以为产业发展提供支撑保障条件。丁蜀镇公共配套空间建设相对不足，教育、医疗、商业等资源相对匮乏，对于产业从业者的吸引力弱于距离其不足十公里的宜兴城区，从一定程度上限制了既有产业的转型升级。丁蜀镇动态适应空间发展相对较弱，空间格局相对固化，产业升级过程相对缓慢。丁蜀镇复合空间相对较少，艺术陶瓷多以小作坊式的空间为主，工业陶瓷则以企业独门独户的业态为主，在一定程度上影响了产业链的形成及产业活力的涌现。

产业发展与空间发展相互作用，主导产业、相关产业、延伸产业、辅助产业等子系统构成产业发展系统，空间发展系统通过自身空间的改变来适应产业发展的需求。例如，成立设计与研发中心、研讨与交流中心、信息发布与拍卖中心、人才培训与储备中心等空间发展子系统，满足不同产业子系统对于空间发展的需求，两者相互作用机制如图7-7所示。

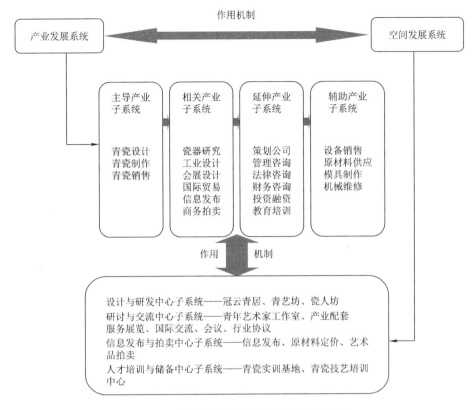

图 7-7　产业发展与空间发展系统的作用机制图

7.2.2　产业聚集性空间发展系统生成

通过上文对于产业聚集性空间发展系统的研究,丁蜀镇产业发展系统与空间发展系统相互作用,在一定程度上达到协同。丁蜀镇主要依据区域资源禀赋,在尊重既有发展的基础上,注重与周边城市互补,促进产业发展与空间发展系统的协同,从而生成产业聚集性空间发展系统体系。

(1)依据区域资源禀赋,形成国际陶瓷文化创意产业集群空间

丁蜀镇依据陶瓷产业的资源禀赋,形成产城融合一体发展的模式。陶瓷产业是丁蜀镇的支柱产业,其空间发展也与陶瓷产业息息相关,打造创意产业,创意研发设计制作、产品推广营销、创意休闲体验等创意产业,建设文化创意产业园。培育紫砂工艺传承展示、紫砂工艺创新设计研发展览、工艺人才培养教育等。培育交易销售平台、营销推广空间、工艺竞赛、会展、艺术授权等业态。紫砂特色产业带动制造、体验、休闲文化等,实现产业结构转型升级,依据陶瓷产业资源,最终形成丁蜀镇产业与空间融合发展的模式。

以文化创意工作室为龙头,以体验休闲、紫砂展览产业为重点,构建功能完善、协调发展的新型产业体系,加快形成区域现代化、重点镇区配套化的分布格局。围绕黄龙山、青龙

山、蜀山及古南街散布的大师工作室等为主要承载空间。依托紫砂陶艺产业本身对空间集聚的要求不高;空间分布的大集中、小分散;用地功能上易于混合;紫砂遗产本身存在差异化等特征,形成国际陶瓷文化创意产业集群空间。

(2)尊重既有发展基础,形成环太湖陶瓷文化旅游度假产业集群空间

丁蜀镇在既有产业基础上提升产业与空间发展的协同,小镇拥有三大省级产业园区,即江苏省无锡太湖外向型农业示范区、江苏宜兴陶瓷产业园区、江苏省现代服务业聚集区。在主导产业陶瓷设计、制作、展示、销售基础上发展相关产业,延伸产业,辅助产业。在既有产业基础上打造一个核心、两大提升、三大产业、四大载体的空间发展格局。

以特色旅游资源为依托,牢固旅游发展基石,坚持打造紫砂特色小镇为核心,同时构建山、水、湖、居、行和谐发展的旅游生态网络。提升旅游品质,重点发展旅游种类,破除其单一性和乏味性,大力提高旅游产业与其他产业间的相互融合程度,形成具有休闲娱乐功能的旅游购物场所,具有景观和休闲功能的度假村,具有文化创意功能的艺术小镇等。

丁蜀镇在紫砂文化、民俗文化等资源上具有显著优势,在旅游产业发展过程中以统一规划、统一文化营销的形式,着重提升各个旅游产品的功能和内涵。以灵活的方式招商、合作,引进外部运营商,培育和扶持一批高素质的旅游企业。在全国范围内分阶段通过大量软性新闻、媒介实施城市营销和品牌战略,提高丁蜀紫砂文化的知名度和美誉度。同时,将旅游休闲资源和特色项目整合进宜兴市旅游推广宣传活动和市场营销网络中,从而形成陶瓷文化旅游度假产业集群空间。

(3)注重周边城市互补,发展中国工业陶瓷研发创新产业集群空间

丁蜀镇位于上海、南京、杭州三市形成的"铁三角"之间,并有宁杭高铁贯穿其间,长三角经济圈所拥有的发达基础设施、配套水平和网络化的交通设施布局,同时带来城市极化效应的加剧。丁蜀镇依托产业所处区位,利用长三角经济协作机制,协同对接上海新一轮发展,注重与大城市的互补性,提升产业发展与空间发展的协同。承接上海、苏州等大城市的溢出功能,打造生态环境良好的小镇,成为陶瓷研发创新的基地。发展特色陶瓷产业,引入各国的手工业项目,通过一些品牌活动,打造长三角陶艺和国际手工业展示集聚区。

以现代产业体系为引导,发展全产业链增长的工业制陶产业体系,在成熟特色产业集聚板块基础上,努力培育一批具有国际竞争力的企业和品牌。推进环保产业,打造以"总包"为核心的产业链整合与功能融合,加大在人才引进、研发投入等方面的支持,对陶瓷产业进行精品化、品牌化升级,加快高端陶瓷产业错位发展、整合提升与技术升级。支持优质企业进行股权招商、产业链招商,重点引进高技术含量的项目,适应新兴技术和可持续技术,满足工业陶瓷研发创新集群的要求,同时注意推进文化创意与旅游业互动,打造工业陶瓷研发创新集群空间。

通过产业发展与空间发展系统的协同机制,生成产业聚集性空间发展系统体系(图7-8)。

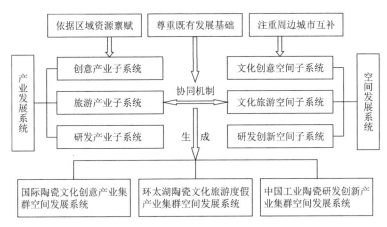

图 7-8　产业聚集性空间发展系统生成图

7.3　基于文化多样性空间发展系统实施策略

7.3.1　文化遗产与空间发展系统的作用机制

从文化遗产系统来看,丁蜀镇文化遗产资源丰富,镇区东侧尚未经历"推倒式"的城镇化发展之路,文化遗产保存相对完好。众多的文化遗产经过演化、升级,可以形成文化氛围浓郁的小镇公共空间或者标志性节点。充分挖掘小镇文化遗产资源,根据不同区域文化发展特色空间,考虑文化遗产对空间发展的作用机制,运用"连点成线、多点成面"生成多样性空间布局。通过链接的方法既可以将上述文化遗产空间串联成线形空间带,也可以重点刻画文化遗产资源丰富的四个片区,形成小镇空间的重要节点。例如蜀山古南街,定位为以文化展示、文化体验为主导的文化活态一条街,成为丁蜀镇的文化地标和文化名片。古南街包含展示中心的特色店集群,其展览和演示均分布于历史街区之中。半里长街凝聚丁蜀精华,古街配套发展主题民宿酒店、特色餐饮购物。

从空间发展系统来看,多样式重构空间可使文化遗产重新焕发生机。打造多样化的空间子系统,如展示中心、私人博物馆、会馆、陶艺吧、手工艺体验店、特色餐厅、特色商店、图书馆、咖啡屋、茶轩、主题精品酒店、公共空间等。以蜀山及古南街风景区为发展极核,围绕中心水域形成各功能分区,分别打造文化多样性空间(图7-9),如蜀山片区利用古南街打造风景区,陶艺高科技产业园区;青龙山、黄龙山片区利用窑址打造陶瓷文化博物馆,葛鲍家族古建筑群落游览等;汤渡片区打造汤渡青瓷风情街;莲花荡片区打造全息夜景演绎风情岛。通过多样式空间发展系统,重新构筑适应文化遗产系统的需求,使其充满活力。

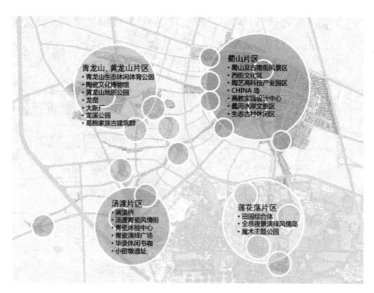

图 7-9 文化多样性空间主要片区图

资料来源:根据丁蜀镇政府提供资料绘制。

通过文化遗产与空间发展系统的作用机制,使得两者相互融合发展,成为生机焕发,极具多样性的空间发展系统(图 7-10)。

图 7-10 文化遗产与空间发展系统的作用机制图

7.3.2　文化多样性空间发展系统生成

依据复杂适应系统理论的研究，文化遗产与空间发展通过建筑单体、遗产街区、遗产片区的协同机制，生成文化多样性空间发展系统。丁蜀镇特有的以紫砂文化为代表的文化遗产与空间发展相得益彰，形成了相对良好的协同机制。

就单体建筑而言，丁蜀镇蜀山片区既有的文化遗产多为民居，空间狭小，历史风貌浓郁，再利用条件较差。可以通过在片区新建部分风貌相近的建筑以适应片区的旅游发展，满足文化多样性空间的需求。

就街区而言，丁蜀镇蜀山片区既有历史街区，较好地保留了原来的肌理及街巷空间，新建片区也必须延续原来的街巷制空间格局，以维系文化多样性空间格局。

就片区而言，丁蜀镇西侧为现代化镇区建设区，整体风貌比较现代，基础设施完善，公共产品充足。北侧工业区，为丁蜀镇第二产业集聚区。而蜀山片区位于丁蜀镇东南侧，整个片区基础设施落后，产业发展不足，但是与整个镇区相对分离，有条件建设历史文化风貌浓郁，以旅游等第三产业为主导的文化风情区。

例如，紫砂二厂为 20 世纪 70 ～ 80 年代修建的工业区，建筑形态完全代表了当时年代的特点，具备一定的历史记忆，目前已经停产。小镇计划改造为文创园区，既可以作为紫砂艺术陶瓷的制作基地，也可以作为紫砂艺术品展销中心，以及丁蜀镇有特色的综合性紫砂旅游目的地。

从单体建筑、街区、片区层面推动文化遗产与空间发展协同机制，利用文化遗产资源打造协同发展空间。根据不同文化遗产特色划分不同层面的分区，打造不同特色的空间，使两者协同发展。利用丁蜀镇中的文化遗产资源，分层次采用单体建筑、文化遗产街区、文化遗产片区空间的打造，形成协同发展的模式，根据文化遗产特色生成多样性空间发展系统体系（图 7-11）。

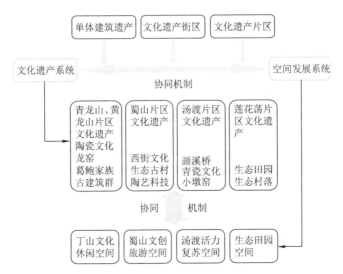

图 7-11　文化多样性空间系统生成图

7.4 基于生态非线性空间发展系统实施策略

7.4.1 生态环境与空间发展系统的作用机制

生态环境与空间发展系统相互作用,从生态环境系统来看,丁蜀镇具备良好的生态环境,河流、湖泊、山体等子系统构成了丁蜀镇的生态基底,保持生态基底的连贯性是维持良好生态环境的根本。河流、湖泊、山体等子系统把空间分割成不同的组团,影响丁蜀镇的空间发展,形成非线性的空间格局。河流、湖泊、山体等子系统也与毗邻的小镇空间相互交融,形成了城镇空间与生态基底的相互融合。

从空间发展系统来看,丁蜀镇是一座山、水、城融合的千年古镇,山清水秀,环境优美,湖泊荡漾。镇区为冲积平原,地势低,青山座座,绿水依依,镇内河道纵横,水网密布,形成了独特的青山绿水型江南古镇的自然格局。通过青龙山自然生态走廊、汤渡文化走廊、莲花荡自然生态走廊等空间子系统的打造,形成网络共融、渗透、均衡生态环境的发展。

利用现有山体、水系等资源,串联其自然风貌特色,保持生态可持续性发展,使生态环境与空间发展协同发展,生成生态山体、生态水体、生态公园融合的空间廊道结构(图7-12)。

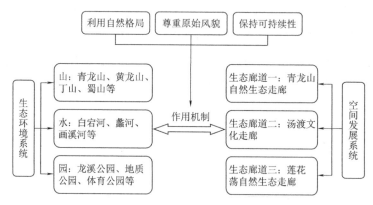

图7-12 生态环境与空间发展系统的作用机制图

7.4.2 生态非线性空间发展系统生成

随着丁蜀镇城镇化的发展,空间边界不断扩大,在一定程度上破坏了既有生态基底的完整性。例如,蠡河周边建设混乱,对河道两侧形成挤压,影响了河道生态环境的完好性。青龙山、黄龙山由于多年的无序开采陶土,造成山体裸露,生态环境破坏严重。

利用山体资源、水体资源、田园林木资源等子系统,通过环抱式发展模式,打造良好的生态环境空间系统。利用蜀山北原有水系,还原山水原有的生态状况,打造生态化的水体景观。尊重已有生态环境肌理,打造非线性空间发展结构。利用丁蜀镇山体、水域、田园等资源,发展旅游、休闲、娱乐等空间。尊重原始风貌,积极打造生态小镇、旅游小镇、宜居小镇,注重山水人相宜。保护山地生态系统,恢复太湖湿地生态系统,启动生物多样性恢复和保护。以保护为前提,实施可持续发展的原则,利用本区域生态、山体、水体等资源优势,注重生态、旅游、经济发展,把莲花荡周边景区建设成为集生态、休闲、娱乐、文化交流与展示及农业示范与观光为一体的郊野湿地田园综合体片区。

在不破坏生态环境的前提下,尊重小镇生态肌理,疏通画溪河等既有河道,沿河区域采用带状式空间发展模式,线形布置休闲绿道,外侧设置商业、旅游配套等建筑。对于青龙山、黄龙山等山体生态采取毗邻式发展模式,沿着山体、湖畔布置体育设施、休闲公园。对于田园资源丰富区域采取穿越式发展模式,保障小镇空间与田园生态互相融合。对于蜀山片区则采用环抱式发展模式,将周边的空间发展与蜀山生态保持密切结合。通过上述方式,最终生成生态非线性空间发展系统图(图7-13)。

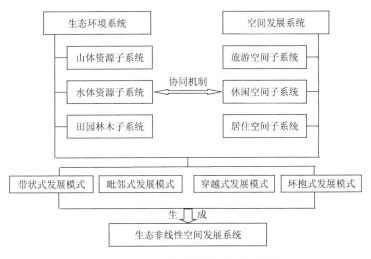

图7-13　丁蜀镇生态非线性空间系统生成图

具体发展过程中,则采用连点成线,多点成面的策略,梳理丁蜀镇现有水道、山体,构建山水生态环境。梳理既有公园绿化,重构景观绿道,打造游憩生态体系;保留生态斑块,注入配套空间,生成生态非线性空间发展(图7-14)。

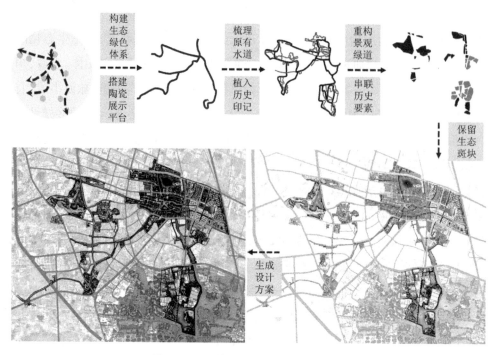

图 7-14　丁蜀镇生态非线性空间生成过程图

资料来源：根据丁蜀镇政府提供资料绘制。

7.5　"生成论"融合"构成论"——空间发展实施策略

　　任何有生命力的系统都是"生成""自组织"与"构成""他组织"辩证统一的产物，是以"生成"与"自组织"为基础，加之"构成"与"他组织"[1]。空间发展应始于"自上而下"的规划设计（构成）与"自下而上"的自发实践（生成）两方面的融合。

　　特色小镇空间发展系统受到多种因素的影响，产业发展、文化遗产、生态环境成为主要的关键性要素（"三子系统"）。子系统间相互作用机制中，产业发展突出表现为聚集性，文化遗产突出表现为多样性，生态环境突出表现为非线性。空间发展适应"三子系统"的作用，呈现出复杂适应性，在"他组织"与"自组织"同向发展组织作用机制下协同发展，从而生成系统、整体、多维的空间发展系统（图7-15）。

1　具体组织机制详见 3.2.2。

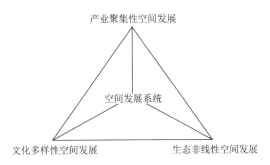

图 7-15　空间发展系统体系生成图

空间发展的实施是一个有规律可循的科学过程,具体的实施步骤包括以下几部分:

(1)结合实地调研分析特色小镇发展现状

特色小镇所具有的产业、文化、生态等资源是小镇特色的源泉,也是展示小镇特色,研究空间发展的基础。特色小镇空间发展中往往出现用地布局功能混乱,公共空间杂乱无章等现象,这些问题的产生与小镇的产业发展、文化遗产、生态环境等要素相关。因此,特色小镇现状分析是首要工作,而实地调研是获得第一手资料的重要来源,根据调研情况探究特色小镇目前的发展状况,发现存在的优点和缺点。小镇的优点可作为发展的优势资源,缺点则是发展中要尽量去改进或者提升的地方。总结特色小镇现状主要存在的问题,明确下一步发展方向。

(2)选取特色小镇空间发展系统关键要素

特色小镇是一个复杂适应系统,根据系统的积木机制可以拆分为诸多子系统,同时也可以组合成为新的系统。在理论与实证研究的基础上,将特色小镇系统拆分为产业发展、文化遗产、生态环境三个子系统,均与空间发展系统相互作用,成为影响发展的关键要素。如何确定有影响作用的子系统,选取关键要素是小镇空间发展实施的重要环节。

(3)分析特色小镇空间发展系统作用机制

特色小镇子系统的相互作用机制不仅仅存在于子系统内部,同时作用于系统之间,使系统呈现复杂适应性。自组织与他组织同向发展的组织机制使得子系统间协同发展,从而推动系统的复杂性演化。研究三个子系统与空间发展的作用机制,探寻系统间的协同作用,对空间发展的方向起到指引作用。

(4)生成特色小镇空间发展系统体系

特色小镇子系统均具有复杂系统的4个特性、3个机制。对产业发展来说,聚集性是其最突出特性;对文化遗产来说,多样性是其最突出特性;对生态环境来说,非线性是其最突出特性。空间发展应适应子系统的发展,构筑产业聚集性、文化多样性、生态非线性整体的空间发展系统(图7-16)。特色小镇空间发展系统体系的生成是上述要素的相互作用,也是作用机制协同的结果。

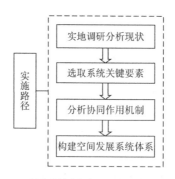

图 7-16 特色小镇空间发展系统实施路径示意图

丁蜀镇作为宜兴陶瓷的最主要产地,陶瓷文化产业,传统历史文化,山水自然生态优势,成为空间发展的重要推动要素。丁蜀镇利用位于环太湖西侧,靠近长三角的区位优势,以陶瓷小镇为空间载体,挖掘陶瓷传统手工业,带动商务、旅游休闲等产业聚集性发展,促进陶瓷文化遗产的传承多样性发展,突出山水自然生态肌理的非线性发展。从陶业发展脉络上,依托汤渡老街、丁山葛鲍聚居街区、蜀山古南街分别建立以青瓷、均陶、紫砂为特色的陶文化主题园区,构筑产业聚集性空间发展小镇。从陶业遗产利用上,建立以祭祀、展示、体验、培训、交流为主要功能的文化多样性空间发展小镇。从陶业生态优势上,依托画溪河、白宕河、蠡河建立以水系为纽带的非线性空间发展小镇(图7-17)。

图 7-17 丁蜀镇规划图

资料来源:根据丁蜀镇政府提供资料绘制。

丁蜀镇特色小镇空间发展系统实施过程中,依据构建的"生成论"融合"构成论"的系统体系,基于产业聚集性、文化多样性、生态非线性空间发展系统体系,研究实施策略。首先,提取了系统关键要素产业发展、文化遗产、生态环境,利用CAS理论的积木机制进行子系统的划分。然后,详细分析产业发展、文化遗产、生态环境与空间发展子系统的相互作用机制。最后,基于系统间的协同机制,生成丁蜀镇产业、文化、生态、空间融合发展的系统、整体、多维空间系统体系(图7-18)。

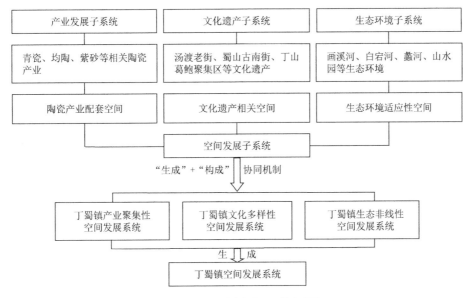

图 7-18　丁蜀镇空间发展系统生成图

7.6　本章小结

　　本章基于上述研究中构建的空间发展系统体系,以丁蜀镇特色小镇实际项目为例,研究了如何生成CAS理论视角特色小镇空间发展系统,为特色小镇空间系统整体、多维性发展提供了实践指导。

　　丁蜀镇具有陶瓷产业优势、文化遗产传承、生态环境良好,极具发展特色。其产业发展、文化遗产、生态环境与空间发展融合前行,为特色小镇发展提供了良好的借鉴。

　　丁蜀镇基于构建的产业聚集性空间发展系统、文化多样性空间发展系统、生态非线性空间发展系统,实现"生成论"融合"构成论"的空间发展实施策略。

　　丁蜀镇空间发展系统的实施路径中,首先,在充分调研的基础上分析现状情况。其次,选取关键要素——产业发展、文化遗产、生态环境。然后,分析子系统间的相互作用机制。最后,基于同向发展的组织机制促成子系统间的协同发展,生成产业聚集性、文化多样性、生态非线性空间发展系统,从而构筑系统、整体、多维的空间发展系统体系。

▶▷ 第8章 结论与展望

8.1 研究结论

特色小镇的产生是一个相对自发生成的过程,后经政府相关政策的指引,引发了"他组织"方面的强势推动,出现了诸多问题。我国虽然评选出第一批、第二批全国特色小镇,如若盲目跟风、效仿,极易造成雷同的发展格局。因此,认识到特色小镇是一个复杂适应系统,了解系统的复杂性,就显得尤为重要。然而,目前对于特色小镇空间发展的复杂性认知不足,缺少较为深入的理论研究。"自下而上"的"生成"模式亦缺少相应的可参考、可借鉴模式,就目前特色小镇空间发展中出现的问题,需要我们把握特色小镇产业聚集性、文化多样性、生态非线性空间发展的系统以及政府规划、市场调控同向演化发展的机制,从而促进特色小镇健康有序地发展。具体到实际工作中,除规划管理、政策调控等手段外,可通过调整政府引导方式,完善空间治理手段,挖掘小镇自组织内生动力,协调空间发展的方式进行特色小镇试点,提供可参考借鉴。

本书提取影响特色小镇空间发展的关键要素,构筑了"生成"与"构成"相融合的空间发展复杂系统。研究了小镇子系统与空间发展的作用及协同机制,构筑了产业聚集性、文化多样性、生态非线性空间发展系统并进行实证研究。最后,以丁蜀镇特色小镇为例进行实施策略的研究。"生成"+"构成"融合下的特色小镇空间发展系统是否具有发展优势,可以运用复杂适应系统理论提出判断依据:

（1）开放性

空间发展系统优良的特色小镇具有开放性,子系统能够主动切入到系统的复杂性演化中,不断发展。比如,特色小镇某一类产品进入产业链中,不断上升、发展,此产业小镇便会发展为成功的特色产业小镇。

（2）自组织性

空间发展系统优良的特色小镇是"自下而上""生成"的空间系统,与产业发展、文化遗产、生态环境等要素融合发展。存在一定问题的空间发展系统,往往以政府主导、规划制定等"自上而下""构成"为主,发展过程中政府提供大量财政补贴,或者仿效部分小镇规划而来。

（3）聚集性

空间发展系统优良的特色小镇具有聚集性,合作度高的企业往往聚集到一起,形成集群发展模式,这种自组织体系集群反过来造就了小镇空间发展的自组织特性。空间发展聚集形成与产业集群相配套的结构以适应产业的发展。

（4）多样性

特色小镇发展的种类要多,如具有产业特色、文化特色、生态特色等,小镇的特色越多,生成的空间就越具有多样性。多样化的产业模式,带来高的经济效益,形成新的创业生态链。而单一模式的发展,往往造成空间的单一性,使小镇失去活力。

（5）互补性

特色小镇相当于一个好的城镇或者某种产业的节点,与周边城市具有强联接性。空间发展系统优良的特色小镇往往具有"反磁力"效应,吸引外部资源的涌入。良好的空间发展系统可以承担城市功能的溢出效应,成为城市的有效互补。

（6）协同性

空间发展系统优良的特色小镇会与周边小镇协同涌现,阿里巴巴周边涌现出的梦想小镇、云栖小镇等,产业间的互补性,形成了协同创新的小镇群,"群"即为"协同"效应的平台。特色小镇空间发展的协同形成城镇集群,产生协同涌现现象。

（7）共生性

发展优良的特色小镇是"自下而上"与"自上而下"相融合的"生成"+"构成"共生作用机制。空间发展系统优的特色小镇与周边共生、共赢,可以实现"三生"的融合发展。产业的发展带动周边经济效益的提高,使得人口聚集到此地,从而产生对于生活空间的需求,良好的生态环境可提升工作、生活空间的质量。

运用复杂适应系统理论对特色小镇空间发展进行研究,主要得出以下结论:

（1）构建CAS的空间发展理论架构是科学认知特色小镇空间发展复杂性的重要理论

复杂适应系统理论为我们认知特色小镇系统提供了系统学的研究视角,特色小镇是一个复杂适应系统,具有系统复杂性的基本点。CAS理论为我们系统认知特色小镇发展复杂性提供了重要工具。特色小镇发展具有复杂性,这种复杂性并不是无规律可循。小镇的复杂适应性有自身的规律和隐秩序,作为一种隐藏动力机制存在。"自上而下"的政府之手成为特色小镇发展的"他组织"外部动力驱动。"自下而上"的市场之手成为特色小镇发展的"自组织"内部动力驱动。特色小镇发展的自组织动力源于竞争与协同,使系统间产生相互作用。特色小镇产业发展、文化遗产、生态环境是小镇特色提升的活力因子,与空间发展相互作用,寻求一种平衡状态,使系统动态演化前行。复杂适应系统理论视角下,外在与内在动力机制的同向发展组织机制对于特色小镇系统起到重要作用,发掘这种隐藏的动力机制,是特色小镇保持活力的源泉,CAS视角空间发展理论架构为空间发展研究提供了理论指导。

(2)应用CAS的空间发展协同机制是解决特色小镇空间发展失衡的有效方法

特色小镇系统由诸多子系统组成,系统间的相互作用推动小镇动态发展,这种作用不仅存在于子系统内部,更复杂地存在于子系统之间。当子系统同向作用时促进系统的演化与进步,当子系统反向作用时延缓系统的演化。子系统间不断地竞争演化寻求动态发展的平衡,促成系统的进化以致涌现现象的产生。作为特色小镇主要子系统的产业发展、文化遗产、生态环境与空间发展,其相互间的自组织作用是其内生动力的重要作用机制。当特色小镇发展子系统与空间发展协同一致时,小镇发展迅速;当特色小镇发展子系统与空间发展不相适应时,小镇发展缓慢。特色小镇发展子系统——产业发展、文化遗产、生态环境与空间发展间寻求一种同向协同发展机制,有效避免了小镇空间发展失衡问题,使其保持相对稳定的发展状态。基于CAS的空间发展协同机制,避免了从单一视角研究空间发展,而是从更为宽广的视角研究空间发展。

(3)建立CAS的空间发展系统体系是特色小镇空间发展"生成"与"构成"融合发展的重要工具

特色小镇系统发展过程中,子系统间的相互竞争与协同,使得系统动态平衡发展。借助于复杂适应系统理论对特色小镇产业发展、文化遗产、生态环境与空间发展的相互作用及协同机制分析,构建产业聚集性、文化多样性、生态非线性多维空间发展系统架构,从而为特色小镇系统复杂性认知提供较为清晰的思路,指导特色小镇空间发展研究。当前特色小镇建设中,存在重视物理空间,忽视产业、文化、生态等要素的影响,从而导致特色小镇失去特色、发展动力迟缓等现象的出现。基于CAS理论的空间发展系统体系,结合实际项目提出空间发展实施策略,以及空间发展系统的评价准则,为特色小镇空间"生成"与"构成"融合发展起到了重要的指导作用。

8.2　研究展望

基于复杂适应系统理论的特色小镇空间发展研究是一个既庞大又复杂的课题,本书只是处于该领域对于理论、方法的探索阶段,难免存在不足,今后的研究工作可在以下方面进行延伸与深入。

(1)本书主要就 OECD 国家与我国特色小镇探索其发展规律,具有一定的局限性。后续可以对市场化及非市场化等更多国家特色小镇的发展规律进行比较研究,从而更加全面地揭示特色小镇空间发展的特殊性以及规律性。

(2)本书调研限于北京、上海、浙江杭州等特色小镇数量较为集中区域,由于我国地域性差异较大,后续可分区域展开调研,采取多种研究方法进行定性、定量化研究,借鉴最新的学术成果,梳理分析对于特色小镇方面更加适应的理论研究。

(3)由于运用复杂适应系统理论对特色小镇空间发展研究,属于系统学研究领域较新的尝试,研究的时间并不长,从复杂适应系统演化来说相对较短,其发展演化规律还需要更多的时间与空间的积累。后续可以继续对复杂适应系统理论更为深入的挖掘,继续关注特色小镇空间发展的复杂性及演化规律,从而更加科学地应用该理论研究特色小镇空间发展。

复杂适应系统理论在特色小镇空间发展中还处于较新的探索阶段,难免存在诸多不足之处。基于上述研究的不足之处,笔者希望在日后学习中不断加强理论知识的学习,同时增强实践项目的锻炼,并注重研究相关理论与特色小镇的契合,更为科学地研究此领域相关问题。

附　录

附录 A　第一批特色小镇相关数据梳理表

第一批特色小镇相关数据梳理表

附表 A

省域	名称	地形	区位	功能类型
北京市	房山区长沟镇	山区平原丘陵	远郊区	其他
	昌平区小汤山镇	平原	远郊区	农业服务型
	密云区古北口镇	山区	远郊区	旅游发展型
天津市	武清区崔黄口镇	平原	远郊区	商贸流通型
	滨海新区中塘镇	平原	大城市近郊	工业发展型
河北省	秦皇岛市卢龙县石门镇	丘陵	远郊区	工业发展型
	邢台市隆尧县莲子镇	平原	农业地区	工业发展型
	保定市高阳县庞口镇	平原	农业地区	工业发展型
	衡水市武强县周窝镇	平原	农业地区	其他
山西省	晋城市阳城县润城镇	山区	农业地区	农业服务型
	晋中市昔阳县大寨镇	山区	农业地区	历史文化型
	吕梁市汾阳市杏花村镇	丘陵	远郊区	旅游发展型
内蒙古自治区	许昌市禹州市神垕镇	山区、丘陵	农业地区	商贸流通型
	通辽市科尔沁左翼中旗舍伯吐镇	平原	农业地区	商贸流通型
	呼伦贝尔市额尔古纳市莫尔道嘎镇	山区	远郊区	民族聚居型
辽宁省	大连市瓦房店市谢屯镇	丘陵	大城市近郊	其他
	丹东市东港市孤山镇	平原	农业地区	历史文化型
	辽阳市弓长岭区汤河镇	丘陵	远郊区	其他
	盘锦市大洼区赵圈河镇	平原	农业地区	旅游发展型
吉林省	辽源市东辽县辽河源镇	丘陵	农业地区	农业服务型
	通化市辉南县金川镇	山区	远郊区	旅游发展型
	延边朝鲜族自治州龙井市东盛涌镇	山区、平原、丘陵	农业地区	民族聚居型

省域	名称	地形	区位	功能类型
黑龙江省	齐齐哈尔市甘南县兴十四镇	平原	农业地区	农业服务型
	牡丹江市宁安市渤海镇	平原	农业地区	农业服务型
	大兴安岭地区漠河县北极镇	山区	远郊区	旅游发展型
上海市	金山区枫泾镇	平原	远郊区	旅游发展型
	松江区车墩镇	平原	大城市近郊区	工业发展型
	青浦区朱家角镇	平原	远郊区	历史文化型
江苏省	南京市高淳区桠溪镇	丘陵	农业地区	旅游发展型
	无锡市宜兴市丁蜀镇	丘陵	农业地区	工业发展型
	徐州市邳州市碾庄镇	平原	远郊区	旅游发展型
	苏州市吴中区甪直镇	平原	大城市近郊区	工业发展型
	苏州市吴江区震泽镇	平原	大城市近郊区	其他
	盐城市东台市安丰镇	平原	农业地区	其他
	泰州市姜堰区溱潼镇	平原	大城市近郊区	历史文化型
浙江省	杭州市桐庐县分水镇	丘陵	远郊区	工业发展型
	温州市乐清市柳市镇	平原	大城市近郊区	商贸流通型
	嘉兴市桐乡市濮院镇	平原	大城市近郊区	商贸流通型
	湖州市德清县莫干山镇	山区	大城市近郊区	历史文化型
	绍兴市诸暨市大唐镇	丘陵	大城市近郊区	工业发展型
	金华市东阳市横店镇	丘陵	农业地区	工业发展型
	丽水市莲都区大港头镇	丘陵	远郊区	民族聚居型
	丽水市龙泉市上垟镇	山区	远郊区	历史文化型
安徽省	铜陵市郊区大通镇	丘陵	大城市近郊区	旅游发展型
	安庆市岳西县温泉镇	山区	农业地区	农业服务型
	黄山市黟县宏村镇	丘陵	远郊区	历史文化型
	六安市裕安区独山镇	山区	远郊区	旅游发展型
	宣城市旌德县白地镇	山区	农业地区	旅游发展型
福建省	福州市永泰县嵩口镇	丘陵	大城市近郊区	农业服务型
	厦门市同安区汀溪镇	山区	农业地区	农业服务型
	泉州市安溪县湖头镇	山区	农业地区	农业服务型
	南平市邵武市和平镇	山区	农业地区	农业服务型
	龙岩市上杭县古田镇	山区	农业地区	旅游发展型
江西省	南昌市进贤县文港镇	平原	大城市近郊区	工业发展型
	鹰潭市龙虎山风景名胜区上清镇	丘陵	农业地区	旅游发展型

省域	名称	地形	区位	功能类型
江西省	宜春市明月山温泉风景名胜区温汤镇	山区	大城市近郊区	旅游发展型
	上饶市婺源县江湾镇	丘陵	农业地区	农业服务型
山东省	青岛市胶州市李哥庄镇	平原	远郊区	工业服务型
	淄博市淄川区昆仑镇	丘陵	大城市近郊区	商贸流通型
	烟台市蓬莱市刘家沟镇	平原、丘陵	农业地区	农业服务型
	潍坊市寿光市羊口镇	平原	远郊区	工业发展型
	泰安市新泰市西张庄镇	平原	农业地区	工业发展型
	威海市经济技术开发区崮山镇	丘陵	大城市近郊区	商贸流通型
	临沂市费县探沂镇	丘陵	远郊区	工业发展型
河南省	焦作市温县赵堡镇	平原	农业地区	农业服务型
	许昌市禹州市神垕镇	山区	远郊区	旅游发展型
	南阳市西峡县太平镇	山区	远郊区	农业服务型
	驻马店市确山县竹沟镇	丘陵	农业地区	农业服务型
湖北省	宜昌市夷陵区龙泉镇	丘陵	大城市近郊区	工业发展型
	襄阳市枣阳市吴店镇	丘陵	远郊区	商贸流通型
	荆门市东宝区漳河镇	丘陵	大城市近郊区	旅游发展型
	黄冈市红安县七里坪镇	丘陵	农业地区	农业服务型
	随州市随县长岗镇	山区	农业地区	旅游发展型
湖南省	长沙市浏阳市大瑶镇	丘陵	大城市近郊区	工业发展型
	邵阳市邵东县廉桥镇	丘陵	大城市近郊区	商贸流通型
	郴州市汝城县热水镇	山区	农业地区	旅游发展型
	娄底市双峰县荷叶镇	丘陵	大城市近郊区	旅游发展型
	湘西土家族苗族自治州花垣县边城镇	丘陵	农业地区	商贸流通型
广东省	佛山市顺德区北滘镇	平原	大城市近郊区	工业发展型
	江门市开平市赤坎镇	平原	远郊区	旅游发展型
	肇庆市高要区回龙镇	丘陵	远郊区	旅游发展型
	梅州市梅县雁洋镇	山区	远郊区	旅游发展型
	河源市江东新区古竹镇	山区	农业地区	旅游发展型
	中山市古镇镇	平原	大城市近郊区	工业发展型
广西壮族自治区	柳州市鹿寨县中渡镇	山区	远郊区	旅游发展型
	桂林市恭城瑶族自治县莲花镇	山区	农业地区	商贸流通型
	北海市铁山港区南康镇	丘陵	农业地区	商贸流通型
	贺州市八步区贺街镇	丘陵	远郊区	历史文化型

省域	名称	地形	区位	功能类型
海南省	海口市云龙镇	平原	大城市近郊区	商贸流通型
	琼海市潭门镇	平原	农业地区	商贸流通型
重庆市	万州区武陵镇	丘陵	远郊区	农业服务型
	涪陵区蔺市镇	丘陵	大城市近郊区	商贸流通型
	黔江区濯水镇	山区	农业地区	旅游发展型
	潼南区双江镇	丘陵	大城市近郊区	农业服务型
四川省	成都市郫县德源镇	平原	大城市近郊区	其他
	成都市大邑县安仁镇	平原	远郊区	旅游发展型
	攀枝花市盐边县红格镇	山区	远郊区	其他
	泸州市纳溪区大渡口镇	丘陵	大城市近郊区	工业发展型
	南充市西充县多扶镇	丘陵	农业地区	工业服务型
	宜宾市翠屏区李庄镇	丘陵	远郊区	旅游发展型
	达州市宣汉县南坝镇	山区	农业地区	商贸流通型
贵州省	贵阳市花溪区青岩镇	山区、丘陵	大城市近郊区	旅游发展型
	六盘水市六枝特区郎岱镇	山区	农业地区	农业服务型
	遵义市仁怀市茅台镇	山区	大城市近郊区	工业服务型
	安顺市西秀区旧州镇	丘陵	大城市近郊区	农业服务型
	黔东南州雷山县西江镇	山区	农业地区	旅游发展型
云南省	红河州建水县西庄镇	平原	农业地区	旅游发展型
	大理州大理市喜洲镇	山区	农业地区	农业服务型
	德宏州瑞丽市畹町镇	山区	大城市近郊区	旅游发展型
西藏自治区	拉萨市尼木县吞巴乡	山区	农业地区	旅游发展型
	山南市扎囊县桑耶镇	山区	远郊区	旅游发展型
陕西省	西安市蓝田县汤峪镇	平原	农业地区	农业服务型
	铜川市耀州区照金镇	山区	农业地区	农业服务型
	宝鸡市眉县汤峪镇	山区、平原	大城市近郊区	旅游发展型
	汉中市宁强县青木川镇	山区	农业地区	旅游发展型
	杨陵区五泉镇	平原	农业地区	农业服务型
甘肃省	兰州市榆中县青城镇	丘陵	农业地区	农业服务型
	武威市凉州区清源镇	平原	农业地区	旅游发展型
	临夏州和政县松鸣镇	山区、丘陵	农业地区	旅游发展型
青海省	海东市化隆回族自治县群科镇	丘陵	农业地区	民族聚居型
	海西蒙古族藏族自治州乌兰县茶卡镇	山区	大城市近郊区	旅游发展型

续表

省域	名称	地形	区位	功能类型
宁夏回族自治区	银川市西夏区镇北堡镇	平原	大城市近郊区	农业服务型
	固原市泾源县泾河源镇	山区	农业地区	农业服务型
新疆维吾尔自治区	喀什地区巴楚县色力布亚镇	平原	农业地区	商贸流通型
	塔城地区沙湾县乌兰乌苏镇	平原	大城市近郊	商贸流通型
	阿勒泰地区富蕴县可可托海镇	山区、丘陵	农业地区	工业发展型
新疆生产建设兵团	第八师石河子市北泉镇	平原	农业地区	农业服务型

注：根据全国第一批特色小镇评选资料绘制。

附录 B　实地调研第一、二批特色小镇梳理表

实地调研第一、二批特色小镇梳理表　　　　　　　　　　　　　　　　　附表 B

城市	特色小镇	调研时间	调研方法	调研对象／目的
北京	古北口镇	2016.10.3 ~ 2016.10.5	现场观察法、询问法	游客，文化特色、运营模式调研
	长沟镇	2016.10.1	现场观察法	文化特色调研
	雁栖镇	2016.10.2	现场观察法	文化特色调研
	长子营镇	2017.6 ~ 2018.3	现场观察法、访谈法	长子营镇政府官员，实际参与项目
上海	枫泾镇	2018.312	现场观察法	文化特色调研
	车墩镇	2018.313	现场观察法	产业特色调研
	朱家角镇	2018.3.14	现场观察法	文化特色调研
	吴泾镇	2018.3.15	现场观察法	文化特色调研
杭州	梦想小镇	2018.3.31	现场观察法、访谈法	产业特色调研
	基金小镇	2018.3.31	现场观察法、访谈法	产业特色调研
	云栖小镇	2018.4.1	现场观察法、访谈法	产业特色调研
	良渚文化村	2018.4.1	现场观察法、询问法	游客、居民，生态、文化特色调研
嘉兴	乌镇	2018.7.18	现场观察法、询问法	游客、居民，生态、文化特色调研
苏州	甪直镇、震泽镇	2018.7.19	现场观察法、问卷调查法	游客、居民，生态、文化特色调研
	黎里古镇	2017.12 ~ 2018.1	现场观察法、访谈法	开发商、黎里镇政府官员，实际参与项目
无锡	丁蜀镇	2017.10 ~ 2018.3	现场观察法、访谈法	开发商、丁蜀镇政府官员，实际参与项目
	鸿山物联网小镇	2017.10.1	现场观察法	产业特色调研
	太湖影视小镇	2017.10.2	现场观察法	产业特色调研
	苏绣小镇	2017.10.3	现场观察法	产业特色调研
常州	东沙湖基金小镇	2017.10.4	现场观察法、询问法	工作人员，产业特色调研
	昆山智谷小镇	2017.10.5	现场观察法、询问法	工作人员，产业特色调研
	智能传感小镇	2017.10.6	现场观察法	产业特色调研
	拈花湾	2017.10.7	现场观察法、访谈法	游客、开发商，相关项目调研

续表

城市	特色小镇	调研时间	调研方法	调研对象／目的
南京	桠溪镇	2017.7.14	现场观察法	相关项目调研
	高淳国瓷小镇	2017.7.14	现场观察法	相关项目调研
	未来网络小镇	2017.7.14	现场观察法	相关项目调研
南通	海门足球小镇	2017.7.15	现场观察法	相关项目调研
	吕四仙渔小镇	2017.7.15	现场观察法	相关项目调研
徐州	沙集电商小镇	2018.5.1	现场观察法	产业特色调研
	宿迁电商筑梦小镇	2018.5.1	现场观察法	产业特色调研
郑州	石佛镇、太平镇	2018.5.5、2018.5.6	现场观察法	文化特色调研
济南	玉皇庙镇	2018.5.2	现场观察法	文化特色调研
威海	崮山镇	2018.1.6	现场观察法、访谈法	居民、开发商，相关项目调研
潍坊	地理信息小镇	2018.1.7	现场观察法、访谈法、问卷调查法	居民、潍坊市政府官员，相关项目调研
景德镇	陶溪川、瑶里镇	2018.7.19	现场观察法、询问法	游客、清华同衡设计院，产业、文化特色调研
海口	博鳌镇、云龙镇	2018.12.15、2018.12.16	现场观察法、询问法	游客，产业、生态特色调研
黄山	宏村镇	2018.7.21	现场观察法	游客、居民，文化、生态特色调研
遵义	茅台镇	2016.11	现场观察法、访谈法	茅台镇政府官员，相关项目调研

附录 C 特色小镇文旅调查问卷表

潍坊市特色小镇旅游游客调查问卷

您好,为了更好地开发潍坊市特色小镇旅游,促进特色小镇旅游的本土化与特色化,打造更让您满意的旅游产品与服务,请您在百忙之中协助我们填写这份调查问卷,在相应的答案打"√"。 本调查是无记名的,不涉及您的个人隐私,您的答案将作为我们科学研究的重要依据,填写的资料仅供科学研究使用,请您放心填写。谢谢您的真诚支持与合作!

(多选)Q1:您通常通过什么渠道了解潍坊特色小镇旅游信息:【　】

    A 电视、广播、报刊等传统媒体　　　　B 网络新媒介

    C 旅行社　　　　　　　　　　　　　　D 朋友介绍

    E 旅馆介绍　　　　　　　　　　　　　F 户外广告

    G 其他

(单选)Q2:您是否有潍坊特色小镇旅游的经历:【　】

    A 有(跳转至 Q3)　　　　　　　　　B 无(跳转至 Q27)

(多选)Q3:您参与潍坊特色小镇旅游的主要方式:【　】

    A 旅行社组团　　　　　　　　　　　　B 单位组织

    C 自驾游　　　　　　　　　　　　　　D 亲友结伴旅行

    E 单独旅行　　　　　　　　　　　　　F 出差顺便

    G 其他

(多选)Q4:您参与潍坊特色小镇旅游的外部交通工具:【　】

    A 长途汽车　　　　　　　　　　　　　B 自驾车

    C 公交车　　　　　　　　　　　　　　D 出租车

    E 自行车　　　　　　　　　　　　　　F 摩托车

    G 步行　　　　　　　　　　　　　　　H 公车

    I 飞机　　　　　　　　　　　　　　　J 其他

(多选)Q5:您在潍坊特色小镇旅游区内部交通工具:【　】

    A 步行　　　　　　　　　　　　　　　B 骑马

C 电瓶车   D 索道

E 花轿   F 自行车

G 游轮   H 小木船

I 快艇   J 竹排

K 其他

（单选）Q6：您选择的潍坊特色小镇旅游出游距离【　】

A 50km 以内   B 50 ~ 80km

C 80 ~ 100km   D 100 ~ 150km

E 其他

（单选）Q7：您一般在潍坊特色小镇旅游的花费大约：【　】

A 50 元以下   B 50 ~ 100 元

C 100 ~ 300 元（不含 100 元）   D 300 ~ 500 元（不含 300 元）

E 500 元以上

（单选）Q8：您一般在潍坊特色小镇旅游点停留时间：【　】

A 不足一天   B 一天

C 两天   D 三天

E 三天以上

（多选）Q9：您在潍坊特色小镇旅游景区中的主要活动：【　】

A 欣赏田园风光   B 参观农业生产

C 参与农事体验活动   D 品尝农家美食

E 购买农副产品   F 棋牌、卡拉 OK

G 参与篝火晚会   H 观看节庆节目表演

I 参与户外运动   J 其他

（单选）Q10：您在潍坊特色小镇旅游消费中花费最大的部分：【　】

A 住宿   B 交通

C 参观旅游   D 餐饮

E 购物   F 娱乐

G 其他

（多选）Q11：您在潍坊特色小镇旅游期间的住宿选择：【　】

A 宾馆、饭店   B 农家旅社、家庭旅馆

C 朋友家中   D 度假山庄

E 帐篷   F 其他

（多选）Q12：您在潍坊特色小镇旅游期间的餐饮选择：【　】

    A 民族餐饮　　　　　　　　　　B 民间特色饮食

    C 家常饭菜　　　　　　　　　　D 山野风味

    E 标准配菜　　　　　　　　　　F 烧烤

    G 其他

（多选）Q13：您在潍坊特色小镇旅游中购买以下何种特色小镇旅游产品：【　】

    A 不会购物　　　　　　　　　　B 购买当地土特产品

    C 购买自己采摘的新鲜蔬菜瓜果　D 购买特色纪念品

    E 购买何种商品视商品价格而定　F 其他

（多选）Q14：您一般在什么时间参加潍坊特色小镇旅游：【　】

    A 周末　　　　　　　　　　　　B 小长假

    C 黄金周　　　　　　　　　　　D 工作日

（单选）Q15：您一年参加几次潍坊特色小镇旅游：【　】

    A 0 ~ 1 次　　　　　　　　　　B 2 ~ 3 次

    C 4 ~ 5 次　　　　　　　　　　D 5 次以上

（多选）Q16：您一般与【　】一起参加潍坊特色小镇旅游

    A 家人　　　　　　　　　　　　B 亲戚朋友

    C 同事　　　　　　　　　　　　D 同学

    E 恋人　　　　　　　　　　　　F 旅行团成员

    G 独自一人　　　　　　　　　　H 其他

（多选）Q17：您到潍坊特色小镇旅游景区的主要目的是：【　】

    A 特色小镇观光　　　　　　　　B 休闲度假

    C 科考会议　　　　　　　　　　D 特色农业

    E 历史古迹　　　　　　　　　　F 特色小镇购物

    G 节庆活动　　　　　　　　　　H 民族风情

    I 其他

（打分题）Q18：您对潍坊特色小镇旅游的综合评价是（5 分是满分，3 分及格）【　】

    交通 ★ ★ ★ ★　　　　　　　住宿 ★ ★ ★ ★

    餐饮 ★ ★ ★ ★　　　　　　　购物 ★ ★ ★ ★

    环境 ★ ★ ★ ★　　　　　　　娱乐 ★ ★ ★ ★ ★

（单选）Q19：您认为潍坊特色小镇旅游属于以下哪种类型：【　】

    A 自然环境型　　　　　　　　　B 民俗特色小镇型

C 生态田园型　　　　　　　　　D 历史文化型

E 现代特色小镇型

（单选）Q20：您对潍坊特色小镇旅游消费的评价：【　】

A 很便宜　　　　　　　　　　　B 一般，还可以

C 很贵，但能接受　　　　　　　D 太贵

（多选）Q21：您认为潍坊特色小镇旅游最大的特色是：【　】

A 便利的交通条件　　　　　　　B 优美的自然景观

C 特色的民俗文化　　　　　　　D 多样化的体验服务

E 完善的游憩设施　　　　　　　F 独特的风味美食

G 舒适的住宿环境

（单选）Q22：您最喜欢以下哪种类型的特色小镇旅游活动：【　】

A 水乡渔村型　　　　　　　　　B 森林度假型

C 农业体验型　　　　　　　　　D 民俗文化型

E 特色餐饮型　　　　　　　　　F 其他

（排序题）Q23：您在选择特色小镇点时，您认为以下因素的重要程度从高到低依次是：【　】

A 便利的交通条件　　　　　　　B 优美的自然景观

C 舒适的旅游环境　　　　　　　D 特色的民俗文化

E 合理的旅游价格　　　　　　　F 多样化的体验服务

G 完善的游憩设施　　　　　　　H 独特的风味美食

I 旅游知名度

（单选）Q24：您的性别：【　】

A 男　　　　　　　　　　　　　B 女

（单选）Q25：您来自：【　】

A 潍坊市　　　　　　　　　　　B 山东省隔壁城市

C 京津冀　　　　　　　　　　　D 长三角

E 珠三角　　　　　　　　　　　F 国内其他城市

G 国外

（单选）Q26：您的年龄：【　】

A 18 岁以下　　　　　　　　　　B 18 ~ 24 岁

C 25 ~ 34 岁　　　　　　　　　D 35 ~ 44 岁

E 45 ~ 54 岁　　　　　　　　　F 55 岁以上

（单选）Q27：您是否城镇居民：【　】

A 是　　　　　　　　　　　　　　B 否

（单选）Q28：您的教育程度：【　】

A 小学以下　　　　　　　　　　　B 初中

C 高中或者中专　　　　　　　　　D 大专或本科

E 研究生及以上

（单选）Q29：您的职业：【　】

A 工人　　　　　　　　　　　　　B 农民

C 学生　　　　　　　　　　　　　D 军人

E 公务员　　　　　　　　　　　　F 事业单位职员

G 国企职员　　　　　　　　　　　H 离退休人员

I 私营业主或企事业管理人员　　　J 其他

（单选）Q30：您的月收入：【　】

A 1500 元以下　　　　　　　　　 B 1500 ～ 2999 元

C 3000 ～ 4499 元　　　　　　　 D 4500 ～ 6000 元

E 6000 元以上

（单选）Q31：您的家庭状况：【　】

A 未婚　　　　　　　　　　　　　B 已婚，尚未有子女

C 已婚 有子女

资料来源：潍坊市特色小镇相关项目问卷调查表。

附录 D 生态城居住情况调查问卷表

天津生态城居民居住现状及居住需求调研问卷

非常感谢您在百忙之中抽出时间来做此调查。

本调查主要目的是深入了解居民在生态城的居住现状和居住需求，采用不记名方式，调研结果将为生态城规划建设提供数据支持，并有利于相关部门进一步优化规划建设策略。

请您在合适的选项中如实勾选，衷心感谢您的支持和配合！

第一部分：基本信息

1. 您的性别和婚姻情况：已婚（男）、已婚（女）、未婚（男）、未婚（女）

2. 您的年龄：<18 岁、18 ~ 25 岁、26 ~ 35 岁、36 ~ 45 岁、46 ~ 55 岁、56 ~ 60 岁、>60 岁

3. 您的职业：政府/事业单位、区内平台公司、企业管理人员、企业技术人员、科教人员、医务人员、商业和服务业人员、个体经营户、农林牧渔水利业从业人员、建筑工人、生产运输设备操作人员、军人、自由职业、退休人员、学生、其他

4. 您的工作地点所属区域：生态城合作区、生态城旅游区、中心渔港、北塘、开发区、保税区、高新区、东疆保税港区、塘沽、汉沽、大港、宁河、和平、河西、南开、河东、河北、红桥、东丽、西青、津南、北辰、武清、静海、宝坻、蓟州、其他

5. 您的文化程度：初中及以下、高中/中专、大专、本科、硕士、博士、博士后

6. 您的年收入状况：<5 万元、5 万 ~ 10 万元、10 万 ~ 15 万元、15 万 ~ 20 万元、20 万 ~ 30 万元、>30 万元

第二部分：居住情况现状

7. 您最初是从何种渠道知道生态城的：报纸、广播、电视、网络、广告牌、朋友推荐、旅游、路过发现、其他

8. 您最初来生态城居住的原因（1 ~ 3 项）：个人就业、子女教育、绿化景观、社区环境、医疗环境、随父母居住、原住居民、其他

9. 您于哪年迁入生态城：2012 年之前、2012 年、2013 年、2014 年、2015 年、2016 年、2017 年、2018 年、2019 年（填空）

10. 您迁入生态城前的居住地：北塘、开发区、保税区、高新区、东疆保税港区、塘沽、汉沽、大港、宁河、空港经济区、和平、河西、南开、河东、河北、红桥、东丽、西青、津南、北辰、武清、静海、宝坻、蓟州、其他城市

11. 您目前居住的小区：宜和澜岸（南苑）、宜和美墅（香堤苑）、世茂璟苑、鲲玉园、鲲贝园、鲲玺园、世茂南区（英郡）、万通新新逸墅、阿亚拉雅境、航天家园（雅馨园）、首玺园、荣馨园、和畅园（公屋）、和畅园（还迁房）、和馨园（公屋二期）、万科锦庐、季景华庭、季景兰庭、万通新新家园、天房天和园、吉宝蓝岸名都、首创仕景苑、景杉园、家和园、美林园、美逸园（宜禾汇）、宜和红橡 1 期（美韵园）、宜和红橡 2 期（美锦园）、远雄兰苑、芦花庄园（一期二期）、芦花庄园（三期）、双威悦馨园（一期）、万通新颐园（一期）、澜水苑、依水园、青溪花苑（一期）、慧水苑（一期）、颐湖居（一期）、玖熙苑（一期）、凤凰苑、雍海苑、瑞龙城、瑞龙城南苑、逸海苑（一期）、丹枫园（一期）、宝龙城北苑、宝龙城南苑、碧桂园滨海城、海润园、畅景公寓、东方文化广场、旭辉陆号院、亿利国际生态岛、其他

12. 您最喜欢去哪个社区中心：第一社区、第二社区、第三社区、不去社区中心、其他。原因是（1 ~ 3 项）：运动场地免费、离家近、菜市场、超市、商业配套更齐全、离工作地点近、离孩子学校近、离生态城医院近、交通便利、停车方便、停车位充足、有托管孩子的地方、其他

13. 您最不喜欢去哪个社区中心：第一社区、第二社区、第三社区、其他。原因是（1 ~ 3 项）：离家远、公交不方便到达、等公交时间长、停车不便、停车位紧张、活动场地收费、没有自己喜欢的活动项目、没时间去、没有超市、没有菜市场、没有银行、餐饮业少、商业业态单一、没有托管孩子的地方、其他

14. 您居住在生态城的家庭人数和结构是：1 人独居、2 人（2 夫妻）、3 人（2 夫妻 +1 子女）、3 人（1 夫、妻 +2 子女）、3 人（1 老人 +2 夫妻）、3 人（2 老人 +1 子女）、4 人（2 夫妻 +2 子女）、4 人（1 老人 +2 夫妻 +1 子女）、4 人（2 老人 +2 夫妻）、4 人（2 老人 +2 子女）、5 人（2 老人 +2 夫妻 +1 子女）、5 人（1 老人 +2 夫妻 +2 子女）、5 人（2 老人 +1 夫、妻 +2 子女）、6 人（2 老人 +2 夫妻 +2 子女），其他

15. 您目前居住的房屋属于：自有住房（跳到 12）、个人租房（跳到 17）、单位提供的公寓（跳到 21）、其他

16. 您在生态城的房屋购房的目的属于哪种类型（1 ~ 2 项）：首套房、子女学区房、婚房、（自住）环境改善型、保障房、投资型、（自住）功能改善型、无房可住、原房屋

拆迁补偿、投资、其他

17.如您租房居住，您尚未在生态城购房的原因（1~3项）：单位提供住房、处于单身暂不考虑、有买房打算正在看房、尚在观望国家政策、房价太高、认为没必要买房租房更合适、刚工作不久积蓄不够、有意去区外定居、在生态城外有住房、其他

第三部分：居住需求

18.基于上个问题，您选择住房时主要考虑的因素有哪些，选择1~3项进行：（多选题1~3项排序）学区、价格、交通、商业配套、医疗配套、升值空间、户型结构、园林、配套绿化景观、物业管理、外立面、开发商品牌、养老服务、治安管理、旅游资源、其他

19.您希望在小区附近增加哪些公共空间设施：［多选题1~3项（选择1~3项）］餐饮、健身馆、超市、菜场、临时售卖点、早餐铺、广场舞小广场、瑜伽馆、烟酒店、宠物店、美容美发、咖啡店、培训中心、早教中心、花店、文具店、打印店、干洗店、医药店、服装店、游泳馆、康复中心、乒乓球场、篮球场、羽毛球场运动场、电影院、图书馆、文化馆、不需要、其他

20.您认为未来生态城在哪些方面需要改善提高：商业服务、产业、生态环境、区内交通、对外交通、健身娱乐设施、治安、社会服务、其他

21.您更喜欢哪种社区服务设施空间形式：集中式社区中心、沿街商铺、其他

22.您认为生态城沿街底商是否合理：合理、一般、不合理，其他

认为合理的原因：消费更便捷、街道更有人气、业态容易找到、其他

认为不合理的原因：底商噪声大、垃圾污染、餐饮业油烟味过重、影响交通、占道经营、档次低影响市容、其他

第四部分：配套需求

23.选出您对生态城最满意的几个方面（1~3项）：办事中心效率高、就业机会丰富、品牌名校多教育资源好、医疗条件好、商业业态丰富、绿化景观好、卫生整洁、养老福利好、儿童娱乐设施、区内交通免费、区内交通便利、对外交通便利、有专用自行车道、旅游资源丰富、公园绿地丰富、停车位充足、健身设施分布广、社区中心活动丰富、治安管理好、图书馆等文化设施品质高、其他

24.选出您对生态城最不满意的几个方面（1~3项）：就业机会少、商业业态单一、没有轨道交通、区内公交发车间隔太长、对外交通不便利、路面停车位少、缺少健身馆游泳馆、没有高品质大型商场、没有大型超市、没有娱乐休闲影剧院、健身器械少、缺少高品质餐饮、生态城医院科室开放不齐全、其他，原因选填

25.您在生态城使用公园绿地时遇到哪些问题(1～3项)：找不到识别标志、不便到达、出入口不好找、缺少停车位、缺乏娱乐康体设施、缺少休闲座椅、洗手间不好找、其他

26.您是否愿意在生态城骑自行车出行，如不愿意，请选择原因：愿意、缺少共享单车、缺少自行车停车位、自行车道不连贯、自行车道缺乏树荫、其他

27.您认为未来生态城在城市建设方面有哪些需要改善提高（欢迎畅所欲言）：

28.您是否愿意乘坐生态城公交车日常出行，如不愿意，请选择原因：免费公交线路需增加、公交运营时段需增长、与其他交通方式接驳不够便利、其他

29.对于生态城研发的各类 APP 软件系统，在实际生活中应用是否满意，是否有居民反馈渠道

资料来源：天津生态城相关项目问卷调查表。

附录 E 特色小镇生态环境调查问卷表

济南市钢城区生态环境问卷调查表

您好！我们非常感谢您参加此次调查活动。为了更好地开展特色小镇生态环境修复工作，请您热心地提供对小镇生态环境、城市服务以及城市规划建设等方面的看法和意见。本次调查以不记名方式展开，能倾听您的宝贵意见我们感到非常荣幸！谢谢！

请根据您的日常感受对以下方面进行打分评价，10分为最高，1分为最低。

您居住地附近的空气质量：

  10 9 8 7 6 5 4 3 2 1

您居住地附近的绿化环境：

  10 9 8 7 6 5 4 3 2 1

您居住地附近的安静程度：

  10 9 8 7 6 5 4 3 2 1

您从居住地步行至附近中小学的便利程度：

  10 9 8 7 6 5 4 3 2 1

您从居住地步行至附近公园绿地的便利程度：

  10 9 8 7 6 5 4 3 2 1

您从居住地步行至附近医疗服务设施的便利程度：

  10 9 8 7 6 5 4 3 2 1

您从居住地步行至附近文化娱乐设施的便利程度：

  10 9 8 7 6 5 4 3 2 1

您从居住地步行至附近体育运动设施的便利程度：

  10 9 8 7 6 5 4 3 2 1

您从居住地步行至附近日常购物场所的便利程度：

  10 9 8 7 6 5 4 3 2 1

您对日常出行交通状况的满意程度：

  10 9 8 7 6 5 4 3 2 1

总体而言，您所居住地区的宜居程度：

　　10　9　8　7　6　5　4　3　2　1

您日常出行的交通方式是什么：

　　A. 私家车　　B. 公交车　　C. 电动自行车（摩托车）　　D. 自行车　　E. 步行

您认为小镇交通存在的主要问题是什么：

您认为在您居住地附近以下哪个方面还需要进一步提升？

　　A. 生态环境　　B. 交通状况　　C. 公共配套　　D. 商业活力　　E. 街区风貌

资料来源：济南市钢城区生态城市相关项目问卷调查表。

参考文献

[1] 中华人民共和国国家数据网. [EB/OL].http://data.stats.gov.cn/easyquery.htm?cn=C01&zb=A0B01&sj=2017.

[2] 中华人民共和国中央人民政府网. 城镇化水平显著提高 城市面貌焕然一新.[EB/OL]. http://www.gov.cn/shuju/2018-09/10/content_5321150.htm.

[3] 特色小镇网. 国务院参事仇保兴：中国城镇化率65%到顶，"逆城市化"现苗头！[EB/OL].https://mp.weixin.qq.com.

[4] 仇保兴. 复杂适应理论与特色小镇[J]. 住宅产业，2017(3):11.

[5] [美]约翰·H·霍兰. 隐秩序——适应性造就复杂性[M]. 上海：上海世纪出版集团，2011：8.

[6] 侯汉坡，刘春成，孙梦水. 城市系统理论：基于复杂适应系统的认识[J]. 管理世界，2013(5):182.

[7] 仇保兴. 复杂适应理论（CAS）视角的特色小镇评价[J]. 浙江经济，2017(10):21.

[8] 仇保兴. 城市规划学新理性主义思想初探——复杂自适应系统（CAS）视角[J]. 南方建筑，2016(5)：14-18.

[9] 浙江省人民政府. 浙江省人民政府关于加快特色小镇规划建设的指导意见[EB/OL]. http://www.zj.gov.cn/art/2015/5/4/art_32431_202183.html.

[10] 中华人民共和国住房和城市建设部.住房城市建设部、国家发展改革委、财政部关于开展特色小镇培育工作的通知.建村 [2016]147号.

[11] 中华人民共和国国家发展和改革委员会发展规划司. 国家发展改革委关于加快美丽特色小（城）镇建设的指导意见[EB/OL]. http://www.ndrc.gov.cn/，2016-10-08.

[12] 刘诗芳. 大都市外围片区的空间融合研究——以西安市高陵区为例[D]. 西北工业大学，2017：14-15.

[13] 张勇强. 空间研究2：城市空间发展自组织与城市规划[M]. 南京：东南大学出版社，2006：35.

[14] [美] 维纳. 控制论：或关于动物和机器中控制与通讯的科学[M]. 郝季仁，译. 北京：北京大学出版社，2007.

[15] [美] C·E·香农. 通信的数学理论[M]. 贾洪峰，译. 北京：清华大学出版社，2013.

[16] [美] 冯·贝塔朗菲. 一般系统论—基础、发展与应用[M]. 林康义，魏宏森，等译. 北京：

清华大学出版社，1987.

[17] [比] 湛垦华. 普利高津与耗散结构理论[M]. 西安：陕西科学技术出版社，1982.

[18] [法] 勒内·托姆. 结构稳定性与形态发生学[M]. 成都：四川教育出版社，1992.

[19] [美] 约翰·H·霍兰. 隐秩序——适应性造就复杂性[M]. 周晓牧，韩晖，译. 上海：上海世纪出版集团，2011：36-39.

[20] [美] 约翰·H·霍兰. 涌现——从混沌到有序[M]. 陈禹，等译. 上海：上海科学技术出版社，2006.

[21] [美] 米歇尔·沃尔德罗. 复杂：诞生于秩序与混沌边缘的科学[M]. 陈玲，译. 北京：生活·读书·新知三联出版社，1997.

[22] [美] 梅拉尼·米歇尔. 复杂[M]. 唐璐，译. 长沙：湖南科学技术出版社，2011.

[23] [英] 杰弗里·韦斯特. 规模：复杂世界的简单法则[M]. 张培，译. 北京：中信出版集团，2018.

[24] [美] 凯文·凯利. 失控[M]. 张行舟，译. 北京：新星出版社，2010.

[25] [美] 凯文·凯利. 科技想要什么[M]. 严丽娟，译. 北京：中信出版社，2011.

[26] [美] 凯文·凯利. 必然[M]. 周峰，译. 北京：电子工业出版社，2016.

[27] [美] 玛丽娜·阿尔贝蒂. 城市生态学新发展——城市生态系统中人类与生态过程的一体化整合[M]. 陈燕秋，胡静，孙旭东，译. 北京：中国建筑工业出版社，2014.

[28] [英] 斯蒂芬·马歇尔. 城市·设计与演变[M]. 陈燕秋，译. 上海：同济大学出版社，2016.

[29] [英] 马特·里德利. 自下而上[M]. 闾佳，译. 北京：机械工业出版社，2017.

[30] 胡冠月. 基于复杂适应系统理论的供应链协调系统研究[D]. 哈尔滨：哈尔滨工业大学，2007：12.

[31] 百度贴吧. 钱学森：再谈开放的复杂巨系统. [EB/OL].http://tieba.baidu.com/p/101627881.

[32] 钱学森，于景元，戴汝为. 一个科学新领域——开放的复杂巨系统及其方法论[J]. 自然杂志，1990（13）：3-10.

[33] 王贵友. 从混沌到有序——协同学简介[M]. 武汉：湖北人民出版社，1987.

[34] 吴彤，自组织方法论研究[M]. 北京：清华大学出版社，2001：22-25.

[35] 颜泽贤. 复杂系统演化论[M]. 北京：人民出版社，1993.

[36] 魏宏森，曾国屏. 系统论——系统科学哲学[M]. 北京：清华大学出版社，1995.

[37] 黄欣荣. 论芒福德的技术哲学[J]. 自然辩证法研究，2003(02)：54-57.

[38] 黄欣荣. 圣菲研究所一种科研新体制[J]. 科学学与科学技术管理，2004（4）：44-48.

[39] 黄欣荣，吴彤. 复杂性研究的若干方法论原则[J]. 内蒙古社会科学，2004（2）：75-80.

[40] 黄欣荣. 复杂性科学的方法论研究[D]. 清华大学，2005.

[41] 黄欣荣. 复杂性科学的方法论研究[M]. 重庆：重庆大学出版社，2006.

[42] 黄欣荣. 复杂性科学与哲学[M].北京：中英翻译出版社，2007.

[43] 阳建强. 基于文化生态及复杂系统的城乡文化遗产保护[J]. 城市规划，2016（04）：

103-109.

[44] 陈禹. 复杂适应系统（CAS）理论及其应用——由来、内容与启示[J]. 系统辩证学学报，2001（10）：35-39.

[45] 陈理飞，史安娜，夏建伟. 复杂适应系统理论在管理领域的应用[J]. 科技管理研究，2007（8）：480-42.

[46] 成旭华. CAS理论对校园集群形态复杂性研究的启示[J]. 山西建筑，2006（1）:46-47.

[47] Low, M (Low, Morris). Eco-Cities in Japan: Past and Future[J]. JOURNAL OF URBAN TECHNOLOGY, 2013（20）：7-22.

[48] Chapman, R (Chapman, Rachel); Plummer, P (Plummer, Paul); Tonts, M (Tonts, Matthew). The resource boom and socio-economic well-being in Australian resource towns: a temporal and spatial analysis. URBAN GEOGRAPHY, 2015（36）：629-653.

[49] McManus, Phil; Walmsley, Jim;Argent, Neil. Rural Community and Rural Resilience: What is important to farmers in keeping their country towns alive? [J]. JOURNAL OF RURAL STUDIES, 2012（28）：20-29.

[50] McConnachie, MM (McConnachie, M. Matthew); Shackleton, CM (Shackleton, Charlie M.). Public green space inequality in small towns in South Africa[J]. HABITAT INTERNATIONAL, 2010（34）：244-248.

[51] Mayer, H (Mayer, Heike); Knox, P (Knox, Paul). Small-Town Sustainability: Prospects in the Second Modernity[J]. EUROPEAN PLANNING STUDIES, 2010（18）：1545-1565.

[52] Wirth, P (Wirth, Peter); Elis, V (Elis, Volker); Muller, B (Mueller, Bernhard); Yamamoto, K (Yamamoto, Kenji). Peripheralisation of small towns in Germany and Japan Dealing with economic decline and population loss[J]. JOURNAL OF RURAL STUDIES, 2016（47）：62-75.

[53] Conzen, MP (Conzen, Michael P.); Gu, K (Gu, Kai) ; Whitehand, JWR (Whitehand, J. W. R.). COMPARING TRADITIONAL URBAN FORM IN CHINA AND EUROPE: A FRINGE-BELT APPROACH[J]. URBAN GEOGRAPHY, 2012（33）：22-45.

[54] 石建莹，舒洁，刘琦. 特色小镇的实现需要中外实践与西安策略[J]. 陕西行政学院学报，2017（8）：46-48.

[55] 黄璜，杨贵庆，菲利普·米赛尔维茨，汉内斯·朗古特. "后乡村城镇化"与乡村振兴——当代德国乡村规划探索及对我国的启示[J]. 国外规划研究，2017（111）：111-119.

[56] 于立. 英国城乡发展政策对中国小城镇发展的一些启示与思考[J]. 城市发展研究，2013（11）：28.

[57] 张洁，郭小峰. 德国特色小城镇多样化发展模式初探——以Neu-lsenburg、Herdecke、Uberlingen为例[J]. 小城镇建设，2016（6）：97-101.

[58] 于立. 国外生态城镇的规划与建设[J]. 城乡建设，2012（07）：88.

[59] 蒋琪，阮佳飞. 中外旅游小镇模式比较——以曲江新区和普罗旺斯古镇为例[J]. 城市旅

游规划，2015（11）：149.

[60] 鲁钰雯，翟国方，施益军，等. 中外特色小镇发展模式比较研究[J]. 世界农业，2018（10）：187-193.

[61] 马文博，朱亚成，杨越，等. 中外体育特色小镇发展模式的对比及启示[J]. 四川体育科学，2018（05）：71-79.

[62] 李强. 特色小镇是浙江创新发展的战略选择[J]. 今日浙江，2015(24)：16-19.

[63] 张合军，大林，陈放，等. 中国特色小镇发展报告2017[M]. 北京：中国发展出版社，2017.

[64] 国家发展改革委城市和小城镇改革发展中心. 2018中国特色小镇发展报告[M]. 北京：中国发展出版社，2018.

[65] 吴志强. 四川特色小镇发展报告2017[M]. 北京：社会科学文献出版社，2017.

[66] 晓白. 中国特色小镇建设政策汇编[M]. 北京：经济管理出版社，2017.

[67] 叶宽. 特色小镇简论：中国特色小镇建设深度分析及发展[M]. 北京：中共中央党校出版社，2018.

[68] 林峰. 特色小镇孵化器：特色小镇全产业链全程服务解决[M]. 北京：中国旅游出版社，2017.

[69] 侯汉坡，李海波，吴倩茜. 产城人融合：新型城镇化建设中核心难题的系统思考[M]. 北京：中国城市出版社，2014（8）.

[70] 中国民族建筑研究会. 2017中国特色小镇与人居生态优秀规划建筑设计方案集[M]. 北京：中国建材工业出版社，2017.

[71] 张险峰. 茯茶小镇:特色小镇建设的实践与启示[M]. 西安：陕西师范大学出版总社，2018.

[72] 李翅，吴培阳. 产业类型特征导向的乡村景观规划策略探讨——以北京海淀区温泉村为例[J]. 风景园林，2017（04）：41-49.

[73] 陈根. 特色小镇创建指南[M]. 北京：电子工业出版社，2017.

[74] 陈晟. 产城融合(城市更新与特色小镇)理论与实践[M]. 北京：中国建筑工业出版社，2017.

[75] 文丹枫，朱建良，眭文娟. 特色小镇理论与案例[M]. 北京：经济管理出版社，2017.

[76] 住房和城乡建设部政策研究中心. 新时期特色小镇：成功要素、典型案例及投融资模式[M]. 北京：中国建筑工业出版社，2018.

[77] 段又升，运迎霞，任利剑. 资源禀赋驱动下的一般小城镇产业发展研究[C]. 中国城市规划年会，杭州：2018:1019-1029.

[78] 臧鑫宇，陈天，王峤. 绿色街区——中观层级的生态城市设计策略研究[J]. 城乡规划，2018（2）：82-90.

[79] 陈光义. 大国小镇:中国特色小镇顶层设计与行动路径[M]. 北京：中国财富出版社，2017.

[80] Butsch, C (Butsch, Carsten)，Kraas, F (Kraas, Frauke)，Namperurrial, S (Namperurrial, Sridharan)，Peters, G (Peters, Gerrit). Risk governance in the megacity Mumbai/India − A Complex Adaptive System perspective[J]. HABITAT INTERNATIONAL，2015（12）：100−111.

[81] Wohl, S (Wohl, Sharon). The Grand Bazaar in Istanbul: The Emergent Unfolding of a Complex Adaptive System[J]. INTERNATIONAL JOURNAL OF ISLAMIC ARCHITECTURE，2015（3）：39−73.

[82] Manesh, SV (Manesh, Shahrooz Vahabzadeh)，Tadi, M (Tadi, Massimo). Sustainable urban morphology emergence via complex adaptive system analysis: sustainable design in existing context[J]. 2011 INTERNATIONAL CONFERENCE ON GREEN BUILDINGS AND SUSTAINABLE CITIES，2011：89−97.

[83] Shao, YH (Shao, Yanhua)，Xu, SN (Xu, Shengnan). Research on Simulation about a Class of Complex Adaptive System[J]. ADVANCES IN CIVIL ENGINEERING，2011：255−260.

[84] Higgins, TL (Higgins, Tanya L.); Duane, TP (Duane, Timothy P.). Incorporating complex adaptive systems theory into strategic planning: The Sierra Nevada Conservancy[J]. JOURNAL OF ENVIRONMENTAL PLANNING AND MANAGEMENT，2008：141−162.

[85] Fuller, T (Fuller, T); Moran, P (Moran, P). Small enterprises as complex adaptive systems: a methodological question?[J]. ENTREPRENEURSHIP AND REGIONAL DEVELOPMENT，2001：47−63.

[86] 杨贵庆. 城市空间多样性的社会价值及其"修补"方法[J]. 城市双修，2017（03）：39.

[87] 徐东云，张雷，兰荣娟. 城市空间扩展理论综述[J]. 生产力研究，2009（06）：168−170.

[88] 刘诗芳. 大都市外围片区的空间融合研究——以西安市高陵区为例[D]. 西安：西北工业大学，2017：15.

[89] [英] 尼尚·阿旺，塔吉雅娜·施耐德，杰里米·蒂尔. 空间自组织：建筑设计的崭新之路[M]. 苑思楠，盛强，崔雪，杜孟鸽，译. 北京：中国建筑工业出版社，2016.

[90] 周干峙. 城市及其区域——一个典型的开放的复杂巨系统[J]. 城市规划，2002(2):7−8.

[91] 刘春成，侯汉坡. 城市的崛起：城市系统学与中国城市化[M]. 北京：中央文献出版社，2012（7）.

[92] 侯汉坡，刘春成，孙梦水. 城市系统理论:基于复杂适应系统的认识[J]. 管理世界，2013（05）：182−183.

[93] 刘春成. 城市隐秩序：复杂适应系统理论的城市应用[M]. 北京：社会科学文献出版社，2017：56−60.

[94] 仇保兴. 城市规划学新理性主义思想初探——复杂自适应系统（CAS）视角[J].南方建筑，2016(5)：14−18.

[95] 仇保兴. 复杂科学与城市规划变革[J]. 城市规划，2009，33(04):11−26.

[96] 仇保兴. 复杂科学与城市转型[J]. 城市发展研究，2012，19(01):1−18.

[97] 杨贵庆. 城市空间多样性的社会价值及其"修补"方法[J]. 城市双修, 2017（03）: 37-45.

[98] 王伟, 吴志强. 城市空间形态图析及其在城市规划中的应用——以济南市为例[J]. 同济大学学报, 2007（08）: 40-44.

[99] 王世福. 理解城市设计的完整意义——《城市空间设计: 探究社会-空间过程》读后感[J]. 城市规划汇刊, 2000（03）: 76-77+60-80.

[100] 林坚, 文爱平. 林坚: 重构中国特色空间规划体系[J]. 北京规划建设, 2018（04）: 184-187.

[101] 姜云芳, 石铁矛, 赵淑红. 英国区域绿色空间控制管理的发展与启示[J]. 城市规划, 2015（06）: 79-89.

[102] 孟建民. 城市中间结构形态研究[M]. 南京: 河海大学出版社, 1991.

[103] 段进. 空间研究3:空间句法与城市规划[M]. 南京: 东南大学出版社, 2007.

[104] 段进. 城市空间发展论[M](第二版). 南京: 江苏科学技术出版社, 2006.

[105] 张勇强. 城市空间发展自组织与城市规划[M]. 南京: 东南大学出版社, 2006: 4-12.

[106] 关于, 阳建强. 城市空间重构影响下城市边缘区更新研究——以常州清潭片区为例[J]. 现代城市研究, 2012（05）: 65-71.

[107] 蒋费雯, 罗小龙. 产业园区合作共建模式分析——以江苏省为例[J]. 城市问题, 2016（07）: 38-43.

[108] 王浩锋, 施苏, 饶小军. 城市密度的空间分布逻辑——以深圳为例[J]. 城市问题, 2015（08）: 23-32.

[109] 黄亚平, 冯艳, 叶建伟. 大城市都市区族群式空间结构解析及思想渊源[J]. 华中建筑, 2011（07）: 14-16.

[110] 周婕, 王静文. 城市边缘区社会空间演进的研究[J]. 武汉大学学报, 2002（10）: 16-21.

[111] 高伟, 魏远征, 林从华, 罗翰欢. 基于空间句法的和平古镇街巷空间量化分析研究[J]. 福建建筑, 2012（04）: 7-9.

[112] 常玮, 郑开雄, 运迎霞. 滨海城市空间结构气候复杂适应研究——基于CAS的厦门城市空间结构优化探讨[J]. 城市发展研究, 2018（04）: 78-85.

[113] 王浩锋. 社会功能和空间的动态关系与徽州传统村落的形态演变[J]. 长江流域资源与环境, 2008（02）: 175-178.

[114] 王世福. 信息社会的城市空间策略——智慧城市热潮的冷思考[J]. 城市规划, 2014（01）: 91-96.

[115] 高伟, 龙彬. 复杂适应系统理论对城市空间结构生长的启示——工业新城中工业社区适应性空间单元的研究与应用[J]. 城市规划, 2012（05）: 57-65.

[116] 王中德. 西南山地城市公共空间规划设计的适应性理论与方法研究[D]. 重庆大学, 2010.

[117] [美] 约翰·弗里德曼. 关于城市规划与复杂性的反思 [J]. 城市规划学刊, 2017(03): 1-9.

[118] 龙瀛, 等. 北京城市空间发展分析模型[J]. 城市与区域规划研究, 2010（02）: 180-212.

[119] 陈维力. 广西专业特色镇产业空间布局研究[D]. 南宁：广西大学，2018：30-49.

[120] 张安民. 特色小镇旅游空间生产中公众的地方依附与社会动员之关系[J].怀化学院学报，2017，36(09)：17-20.

[121] 冯玖华，曹治. 旅游特色小镇在提升街巷空间品质上的环境空间设计研究[J].建材与装饰，2018(37)：85-86.

[122] 杨贵庆，宋代军，王祯，黄璜. 社会融合导向下特色小镇与既有村庄空间整合的规划探索——以浙江省黄岩智能模具小镇为例[J]. 城乡规划，2017(06)：45-54.

[123] 冯云廷. 特色小镇建设的产业—空间—文化三维组织模式研究[J]. 建筑经济，2017(06):92-95.

[124] 孟祖凯，崔大树. 企业衍生、协同演化与特色小镇空间组织模式构建——基于杭州互联网小镇的案例分析[J]. 现代城市研究，2018(04)：73-81.

[125] 徐苏妃，张景新. 基于复杂是系统理论的广西特色小镇发展评估与对策[J]. 桂林航天工业学院学报，2017（04）：404-410.

[126] 仇保兴. 复杂适应理论与特色小镇[J]. 住宅产业，2017(03)：10-19.

[127] 周静，倪碧野. 西方特色小镇自组织机制解读[J]. 规划师，2018(01)：132-138.

[128] [美] 科瑞恩·格莱斯. 质性研究方法导论[M]. 王中会，李芳英，译. 北京：中国人民大学出版社，2013.

[129] [美] 罗伯特·K·殷.案例研究方法的应用[M]. 周海涛，夏欢欢，译. 重庆:重庆大学出版社，2014.

[130] 陈向明. 质性研究：反思与评论[M]. 重庆：重庆大学出版社，2013.

[131] 费孝通. 论中国小城镇的发展[M]. 村镇建设，1996（3）:3-5.

[132] 浙江特色小镇规划的编制思路与方法初探[EB/OL].http://www.zdpri.cn/sanji.asp?id=224454.

[133] 海南省"十二五"规划纲要全文（2011-2015）[EB/OL].http://district.ce.cn/zt/zlk/bg/201206/11/t20120611_23397296.shtml.

[134] 盘点：全国各省市特色小镇政策集锦[EB/OL].http://www.myzaker.com/article/5a262f731bc8e0d053000001/.

[135] 河北省特色小镇政策（汇总）[EB/OL].https://f.qianzhan.com/tesexiaozhen/detail/170310-c312bf06.html.

[136] 全国各省市"特色小镇"政策集锦[EB/OL].http://www.360doc.com/content/16/0910/02/719224_589697390.shtml.

[137] 天津2020年将建一批"高颜值"特色小镇[EB/OL].http://tj.people.com.cn/n2/2016/1008/c375366-29102249.html.

[138] 唐洪波，唐红超. 中英土地利用规划比较研究[J]. 河南国土资源，2004（06）：38-39.

[139] 吴志强. 四川特色小镇发展报告（2017）[M]. 北京：社会科学文献出版社，2004（6）2017：238-245.

[140] 唐春根. 中英小城镇模式比较研究[J]. 世界农业，2012（01）：75-77.

[141] 中华人民共和国住房和城乡建设部. 住房和城乡建设部关于保持和彰显特色小镇特色若干问题的通知[EB/OL].http://www.mohurd.gov.cn/wjfb/201707/t20170710_232578.html.

[142] 杨贵庆. 小城镇空间表象背后的动力因素[J]. 时代建筑，2002（04）：34-37.

[143] 胡冠月. 基于复杂适应系统理论的供应链协调系统研究[D]. 哈尔滨：哈尔滨工业大学，2007：11.

[144] [美] 约翰·H·霍兰. 隐秩序：适应性造就复杂性[M]. 周晓牧，韩晖，译. 上海：上海科技教育出版社，2000：1-39.

[145] 陈小燕. 基于CAS理论的企业与环境协同进化研究[D]. 天津：河北工业大学，2006：6-7.

[146] [美] 约翰·H·霍兰. 隐秩序：适应性造就复杂性[M]. 周晓牧，韩晖，译. 上海：上海科技教育出版社，2011：13-15.

[147] 刘春成. 城市隐秩序：复杂适应系统理论的城市应用[M]. 北京：社会科学文献出版社，2017：54-56.

[148] 刘春成. 城市隐秩序：复杂适应系统理论的城市应用[M]. 北京：社会科学文献出版社，2017：53-54.

[149] [美] 约翰·H·霍兰. 隐秩序：适应性造就复杂性[M]. 周晓牧，韩晖，译. 上海：上海科技教育出版社，2011：34-37.

[150] 林凯旋，黄亚平. 反思与检讨：城市空间发展的现实困境初探[J]. 中国城市规划学会议论文集，2014（09）：387—396.

[151] 王铮，邓悦，宋秀坤，吴兵. 上海城市空间结构的复杂性分析[J]. 地理科学进展，2001（12）：331—340.

[152] 吴彤. 自组织方法论研究[M]. 北京：清华大学出版社，2001：68.

[153] 吴彤. 自组织方法论研究[M]. 北京：清华大学出版社，2001：69.

[154] 张勇强. 城市空间发展自组织研究——以深圳为例[D]. 南京：东南大学，2003：57.

[155] 吴彤. 自组织方法论研究[M]. 北京：清华大学出版社，2001：74.

[156] 赵燕菁. 高速发展条件下的城市增长模式[J]. 国外城市规划，2001（1）：29.

[157] 吴彤. 自组织方法论研究[M]. 北京：清华大学出版社，2001：139.

[158] 吴彤. 自组织方法论研究[M]. 北京：清华大学出版社，2001：89.

[159] [美] 科瑞恩·格莱斯. 质性研究方法论[M]. 王中会，李芳英，译. 北京：中国人民大学出版社，2013.

[160] 许国志，顾基发，车宏安. 系统科学[M]. 上海：上海科技教育出版社，2000：249-296.

[161] 张勇强. 城市空间发展自组织研究——以深圳为例[D]. 南京：东南大学，2003：23.

[162] 吴彤. 自组织方法论研究[M]. 北京：清华大学出版社，2001：3.

[163] 吴彤. 自组织方法论研究[M]. 北京：清华大学出版社，2001：63-65.

[164] 才华. 基于自组织理论的黑龙江省城市系统演化发展研究[D]. 哈尔滨：哈尔滨工业大学，2006：30-32.

[165] 段进. 空间研究2[M]. 南京：东南大学出版社，2006：50.

[166] 三部门联合下发《关于开展特色小镇培育工作的通知》[EB/OL].http://www.hnr.cn/house/zt/xiaozhen/zhengce/201706/t20170615_2976397.html.

[167] 刘锋，刘贤腾，余忠. 协同区域产业发展空间布局初探——以沿淮城市群为例[J]. 城市规划，2009（6）:88-92.

[168] 澎湃新闻网. 特色小镇指导意见：防止一哄而上[EB/OL].http://money.163.com/16/1031/22/C4O7TIME002581PP.html.

[169] 刘洪，王玉峰. 复杂适应组织的特征[J]. 复杂系统与复杂性科学，2006（9）：1-9.

[170] 王玉祺. 产业结构调整影响的城市空间结构优化研究——以重庆主城区为例[D]. 重庆：重庆大学，2014：33.

[171] 仇保兴. 复杂科学与城市转型[J]. 城市发展研究，2012（1）：1-18.

[172] 运迎霞，杨德进，郭力君. 大都市新产业空间发展及天津培育对策探讨[J]. 城市规划，2013（12）：38-50.

[173] [美] 约瑟夫·熊彼特. 经济发展理论[M]. 何畏，等，译. 北京：商务印书馆出版社，1990.

[174] 王辑慈，等. 创新的空间：产业集群与区域发展[M]. 北京：科学出版社，2019.

[175] 杭州市[EB/OL].https://baike.so.com/doc/3989050-4185307.html.

[176] 杭州市人民政府网 [EB/OL].http://www.hangzhou.gov.cn/art/2018/2/10/art_1256298_15708299.html.

[177] 2011-2020年杭州市城市总体规划 [EB/OL].http://www.doc88.com/p-492273007360.html.

[178] 孟祖凯，崔大树. 企业衍生、协同演化与特色小镇空间组织模式构建—基于杭州互联网小镇的案例分析[J]. 现代城市研究，2018（04）：73-81.

[179] 赵燕岚. 安徽省黄山市黟县宏村镇特色小镇建设纪实——旅游驱动加速转型[J]. 小城镇建设，2016（11）：73-75.

[180] 宏村镇[EB/OL]. https://baike.so.com/doc/6523158-25022545.html.

[181] 山西新闻网.杏花村特色小镇：小荷已露尖尖角[EB/OL].http://www.sxrb.com/sxxww/xwpd/dsxw/7145822.shtml.

[182] 鲁网. 解码中国首批特色小镇——酒都小镇，山西杏花村[EB/OL].http://lushang.sdnews.com.cn/xz/jjxz/201702/t20170215_2199889.html.

[183] 宋眉. 新型城镇化和特色小镇建设中的传统文化资源[J]. 浙江科技学院学报，2017（8）：266-272.

[184] 乔海燕. 基于地域文化特征的嘉兴旅游特色小镇建设[J]. 城市学刊，2016（37）：13-16.

[185] 太星南. 云南省特色小镇创建培育研究——以红河哈尼族彝族自治州为例[J]. 当代经济，2017(10)：16-19.

[186] 平遥古城[EB/OL].https://baike.so.com/doc/2441383-2580773.html.

[187] 丽江古城[EB/OL].https://baike.so.com/doc/924549-977238.html.

[188] 王浩锋，饶小军，封晨. 空间隔离与社会异化——丽江古城变迁的深层结构研究[J]. 城市空间研究，2014（10）：84-90.

[189] 唐春媛，刘明，黄东海，林从华. 古镇保护与更新模式探讨——以闽北和平古镇为例[J]. 重庆建筑大学学报，2007（12）：1-3.

[190] 古北口镇[EB/OL].https://baike.so.com/doc/6563791-6777547.html.

[191] 丁蜀镇[EB/OL].https://baike.so.com/doc/6455531-6669217.html.

[192] 田燕国，李翅，殷炜达，郑璐. 基于遗产廊道构建的城市绿地系统规划策略研究——以湖南省平江县为例[J]. 中国风景园林学会会议论文集，2014(09)：449-453.

[193] 仇保兴. 中国古村落的价值、保护与发展对策[J]. 住宅产业，2017(12)：8-14.

[194] 吴忠军，代猛，吴思睿. 少数民族村寨文化变迁与空间重构—基于平等侗寨旅游特色小镇规划设计研究[J]. 广西民族研究，2017(3)：133-140.

[195] 鲁政. 基于空间组构理论的历史城区整体保护策略分析—以长沙为例[D]. 无锡：江南大学，2012：93-95.

[196] [加]简·雅各布斯. 美国大城市的死与生[M]. 金衡山，译. 南京：译林出版社，2006:127-216.

[197] 陶瓷产业发展战略研究. [EB/OL].https://wenku.baidu.com/view/a056583d7375a417866f8

[198] 国家级文化产业示范园区创建园区之：景德镇陶溪川文创街区[EB/OL].https://www.sohu.com/a/211649997_179557.

[199] 吴敏，吴晓勤. 基于"生态融城"理念的城市生态网络规划探索[J]. 城市规划，2018(7)：9-17.

[200] 马海涛，赵西梅. 基于"三生空间"理念的中国特色小镇发展模式认知与策略探讨[J]. 发展研究，2017(12)：50-56.

[201] 连一帆. 秦岭乾佑河流域朱家湾村聚落空间形态演变研究[D]. 西安：西安建筑科技大学，2018：79-84.

[202] 杭州政府网. 桐庐如椽之笔书写五美分水.[EB/OL].http://www.hangzhou.gov.cn/art/2016/12/6/art_812262_4033822.html.

[203] 袁艳华. 山地城市复杂系统生态适应性模型研究[D]. 南京：南京大学，2015：51-54.

[204] 李皎月. 生态、生产、生活统筹理念下商南县城总体布局研究[D]. 西安：西安建筑科技大学，2017：46-49.

[205] 新生代紫砂艺人更需"自觉"[EB/OL].http://www.zisha.com/news/17701.shtml.